计算机网络安全及其虚拟化技术研究

李春平 著

中国商务出版社
CHINA COMMERCE AND TRADE PRESS

图书在版编目（CIP）数据

计算机网络安全及其虚拟化技术研究 / 李春平著．－北京：中国商务出版社，2022.12

ISBN 978－7－5103－4582－1

Ⅰ.①计… Ⅱ.①李… Ⅲ.①计算机网络—网络安全—研究②虚拟处理机—研究 Ⅳ.①TP393.08②TP338

中国版本图书馆 CIP 数据核字（2022）第 235846 号

计算机网络安全及其虚拟化技术研究
JISUANJI WANGLUO ANQUAN JIQI XUNIHUA JISHU YANJIU

李春平　著

出　　版：	中国商务出版社
地　　址：	北京市东城区安定门外大街东后巷 28 号　　邮　编：100710
责任部门：	教育事业部（010-64243016）
责任编辑：	刘姝辰
总 发 行：	中国商务出版社发行部（010-64208388　64515150）
网购零售：	中国商务出版社考培部（010-64286917）
网　　址：	http：//www.cctpress.com
网　　店：	http：//shop595663922.taobao.com
邮　　箱：	349183847@qq.com
印　　刷：	三河市华东印刷有限公司
开　　本：	710 毫米×1000 毫米　1/16
印　　张：	15.5　　　　　　　　　　　　　　字　数：243 千字
版　　次：	2023 年 3 月第 1 版　　　　　　　　印　次：2023 年 3 月第 1 次印刷
书　　号：	ISBN 978－7－5103－4582－1
定　　价：	65.00 元

凡所购本版图书有印装质量问题，请与本社总编室联系。（电话：010-64212247）

版权所有　盗版必究（盗版侵权举报可发邮件到此邮箱：1115086991@qq.com 或致电：010-64286917）

摘　要

　　随着网络信息技术的不断发展，带动了其他行业的进步，社会对网络技术应用提出了新的要求，解决网络信息的虚拟应用成为当下的研究热点。在开发和部署计算机网络安全技术的过程中，虚拟专用网络技术逐渐成为重要的技术之一，虚拟专用网络技术即大众所称的 VPN 技术，是现代计算机网络技术不可或缺的一部分。虚拟网络技术作为一种专业的网络技术，它主要是在公共数据网络中构建个人数据网络，以确保用户可在私有化的局域网内，进行安全可靠的数据传输。在实际的网络应用过程中，应当根据实际需求，结合不同的网络环境应用来改进相关虚拟技术。

　　基于此，本书以"计算机网络安全及其虚拟化技术研究"为题，全书共设置八章：第一章阐述计算机网络的认知、计算机网络安全及其体系结构、计算机信息安全及管理；第二章分析密码学与密码技术、身份认证与访问控制、数据库与数据安全技术；第三章讨论计算机网络空间安全概述、计算机网络舆情的传播与监测、计算机网络空间安全治理；第四章探讨计算机网络系统安全防护、计算机局域网与防火墙安全防护、计算机网络安全分层评价防护体系、移动互联网时代网络安全的防范；第五章论述人工智能概述、人工智能安全及发展、人工智能时代计算机网络安全的防护；第六章对云计算的基础架构与部署模式、云存储与数据安全需求、云计算数据安全的发展进行探究；第七章是对虚拟化技术认知与实现、内存虚拟化与存储虚拟化、虚拟专用网技术种类的论述；第八章主要阐述计算机虚拟化技术对资源的控制、计算机虚拟仿真实验平台的设计与实现、计算机虚拟化技术的应用分析。

本书文字简明、通俗易懂，用循序渐进的方式叙述网络安全知识与虚拟化技术，对相关原理和技术的介绍适度，内容安排合理，逻辑性强，通过对本书的学习，可使读者较全面地了解网络系统安全的概念、技术和应用。

笔者在撰写本书的过程中，得到了广东白云学院大数据与计算机学院老师及许多专家学者的帮助和指导，同时得到了白云宏信创产业学院、低代码平台工程技术开发中心等平台的支持，在此一并表示诚挚的谢意。由于笔者水平有限，加之时间仓促，书中所涉及的内容难免有疏漏之处，希望各位读者多提宝贵意见，以便笔者进一步修改，使之更加完善。

目 录

第一章 计算机网络与安全概述 … 1
- 第一节 计算机网络的认知 … 2
- 第二节 计算机网络安全及其体系结构 … 25
- 第三节 计算机信息安全及管理 … 35

第二章 计算机网络信息安全技术 … 47
- 第一节 密码学与密码技术 … 48
- 第二节 身份认证与访问控制 … 54
- 第三节 数据库与数据安全技术 … 57

第三章 计算机网络空间安全与治理 … 75
- 第一节 计算机网络空间安全概述 … 76
- 第二节 计算机网络舆情的传播与监测 … 81
- 第三节 计算机网络空间安全治理 … 104

第四章 计算机网络安全防护探究 … 109
- 第一节 计算机网络系统安全防护 … 110
- 第二节 计算机局域网与防火墙安全防护 … 128
- 第三节 计算机网络安全分层评价防护体系 … 149
- 第四节 移动互联网时代网络安全的防范 … 152

第五章 人工智能时代计算机网络安全与防护 … 155
- 第一节 人工智能概述 … 156
- 第二节 人工智能安全及发展 … 180
- 第三节 人工智能时代计算机网络安全的防护 … 189

第六章　云计算技术与数据安全研究 …………………………………… 191
第一节　云计算的基础架构与部署模式 ………………………… 192
第二节　云存储与数据安全需求 ………………………………… 195
第三节　云计算数据安全的发展 ………………………………… 201

第七章　计算机网络虚拟化技术研究 …………………………………… 207
第一节　虚拟化技术认知与实现 ………………………………… 208
第二节　内存虚拟化与存储虚拟化 ……………………………… 215
第三节　虚拟专用网技术种类 …………………………………… 222

第八章　计算机虚拟化技术设计与应用 ………………………………… 229
第一节　计算机虚拟化技术对资源的控制 ……………………… 230
第二节　计算机虚拟仿真实验平台的设计与实现 ……………… 231
第三节　计算机虚拟化技术的应用分析 ………………………… 233

参考文献 …………………………………………………………………… 237

第一章　计算机网络与安全概述

第一节　计算机网络的认知

根据计算机网络发展的不同阶段，或者是从不同角度，人们对计算机网络提出不同的定义，反映出当时计算机网络技术发展水平以及人们对网络的认知程度。计算机网络，即将地理位置不同的、具有独立功能的两台以上计算机，通过通信设备和通信介质连接起来，以功能完善的网络软件，实现资源共享的计算机系统。

一、计算机网络的作用

计算机网络作用可以归类成以下方面：

第一，通信。计算机和终端以及计算机和其他计算机之间，可以通过通信实现数据传输。通信也是计算机网络的基础功能之一，如 IP 电话、即时聊天、信息的实时传输、电子邮件的发送等。

第二，资源共享。这里的资源包括硬件资源和软件资源。硬件资源的共享指打印机硬盘、主机数据、处理能力等；软件资源的共享，主要包括信息文件、软件以及数据库数据等。

第三，协同处理。协同处理指将一个任务分配到一个计算机系统中，计算机系统中涉及很多小型机或微机，每个小型机或微机都会承担一部分任务，而且所有任务是共同进行的。如云计算、网络计算、分布式计算都涉及协同处理功能。

第四，提高计算机的可靠性和可用性。在计算机网络中，计算机和计算机之间是互为后备机的关系，如果其中一台计算机发生故障，故障计算机的任务会分配给其他计算机，提高计算机网络的可靠性尤为重要；如果计算机发生任务承载过重，计算机网络在分配新任务时，会将任务分配给相对空闲的计算机，保证每台计算机被有效地利用，也就是计算机的可用性得到提高。

二、计算机网络互联分析

在以 TCP/IP 模型构建的互联网中，网络层实现了众多的功能。网络层实现的功能可以分为四类：①实现异构物理网络的互连；②完成互联网中从源主机到目的主机的数据传输；③数据传输的最佳路径选择；④在路由器上实现的其他功能。在 TCP/IP 模型中，TCP 和 IP 两个协议因其巨大的作用而被用于模型的命名。但随着网络需求的不断扩大，老版本的 IPv4 协议渐渐变得难以胜任。

网络互连是将不同类型的物理网络连接在一起构成一个统一的网络。网络互连可以解决网络长度的物理限制，将异地的网络连接起来，实现更广泛的资源共享。网络互连还可以使人们在建立物理网络时，限制网络中计算机的数量和网络覆盖范围，提高单个网络效率，降低网络管理难度。

（一）网络互连的方法

不同物理网络之间可能存在巨大的差异，实现不同物理网络的互连，不仅要实现物理上的互连互通，还要实现逻辑上的相互认可。实现资源共享的基本要求是：一个网络的数据单元能够在其他网络中自由传输，并且为另一个网络中的计算机所使用，因此，要求不同网络使用的数据单元格式一致。只有格式一致，此网络的数据单元才能在彼网络中被识别、被利用。但不同物理网络之间存在的巨大差异使得这一要求很难满足，例如，PPP 协议和以太网协议就分别规定了各自的数据帧格式，在数据链路层难以实现格式一致的要求。

其实，两个采用了相同网络模型（例如都采用了 OSI 模型或 TCP/IP 模型）的不同物理网络，就具备了相同的网络模型层次，如图 1-1 所示。

只要在一个层次选用相同的协议，就具备了相同的数据格式（数据单元的格式是由协议规定的），两个物理网络在该层次上得到统一，一个网络在该层次向另一个网络传输的数据单元能够被对方所识别与处理。至于在两个网络内部其他层次以何种协议、何种方式处理数据，已经不会对网络互连产生影响，换言之，网络在接收了来自另一个网络的数据单元后，可以按照本网络的要求，处理该数据单元。例如，一个以太网在网络层收到来自另一个网络的数据包后，按照本网络的要求，在数据链路层将该数据包作为数据字段封装成以太网数据帧，就可以在本网络中传输、处理、使用该数据包。事实上，采用了 TCP/IP 模型的互联网，就是通过 IP 协议在网络层将所有的物理网络统一起来的。

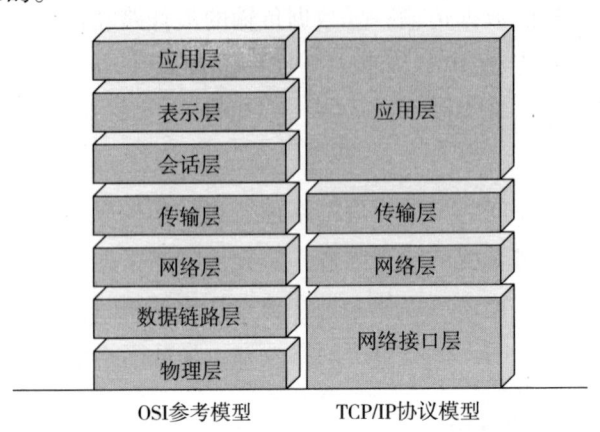

图 1-1　OSI 与 TCP/IP 参考模型对比

（二）网络互连的层次

如果两个物理网络在某个层次中的数据形式、格式相同，或者能够相互识别，它们就能通过该层实现互连。例如，两个 10BaseT 的以太网，由于它们采用了相同的总线和网卡，那么其内部表示比特流的电信号形式是完全一致的。一个集线器通过将它们的总线直接相连，实现电信号的互通，也就实现了两个网络在物理层的互连。因为源主机物理层发出的电信号通过集线器连接的两段总线（都是双绞线）传输到目的主机的物理层，由于目的主机物理层能够识别这种电信号，因而能够从中提取出比特数据，经过目的主机各层剥离首部，最终能够将源进程发出的数据交给目的进程。

如果两个以太网，一个以铜线电缆为总线，另一个以光纤为总线，则两个网络在物理层下的信号形式完全不同，不能用集线器将它们的总线直接互连。它们都是以太网，数据帧格式相同，可以用网桥在数据链路层将它们互连。网桥在数据链路层转发数据帧，至于数据帧中的二进制数据是转化成电信号还是光信号，则由两个网络的物理层决定。

如果两个网络的数据帧格式不相同，网桥也不能完成网络互连。但数据帧格式差别再大，它们都有一个数据字段，只要该字段包含的数据包格式相同，就能够在网络层中将它们互连。互联网对连入的计算机或通信设备的最基本要求就是采用 TCP/IP 协议，这样，连入互联网的所有计算机就在网络层数据格式与处理方式上得到了统一。因此，连入互联网的各种网络，无论彼此之间差异有多大，都能在网络层实现互连。IP 协议是 TCP/IP 协议体系中最重要的两个协议之一，它与地址解析协议、逆向地址解析协议和差错控制报文协议等共同规范网络层的数据交换格式和过程。通过 IP 协议可以将多个计算机网络互连起来。

因此，网络互连可在各个层次进行，不同层次有不同的要求。①物理层互连：要求两个网络使用的设备兼容，控制、数据信号相同；②数据链路层互连：要求两个网络使用的协议和帧格式相同；③网络层互连：要求两个网络使用的协议和数据包格式相同；④高层互连，针对两个完全不同的网络，使用的协议不同。

根据网络互连层次，可以选择不同网络连接设备。物理层互连设备，主要有中继器和集线器。中继器为了对抗信号衰减将一个物理网络中的信号放大以后，转发到另一个物理网络中使其继续传播。在用集线器扩展局域网时，集线器将几个物理网段的总线直接连接起来，这就要求几个物理网段用来表达比特数据的信号格式是一致的，即物理层互连的网段必须采用相同的物理层协议。数据链路层的互连设备是网桥，它是根据需要将数据帧从一个网段转发到另一个网段，这就要求网桥互连的网段具有相同的数据帧结构，也就是在数据链路层采用相同的协议。网络层互连设备称为路由器，它要求互连的物理网络都遵守 IP 协议，以 IP 协议规定的方式进行数据处理和传输。在网络层以上各层间进行的互连，一般统称为高层互连，实现高层互连的设备统称为网关或应用网关。网关的主要作用是协议翻译。

在物理层和数据链路层进行的网络互连只能称为局域网扩展。首先，集线器和网桥连接的都是同类型的物理网络；其次，集线器和网桥连接起来的网络只是一个扩大了的局域网，在它们中的各种主机都具有相同的网络号。"网络互连"这个词特指不同类型的物理网络相连，主要由路由器作为连接设备。

互连起来的网络可以看成一个整体，称为虚拟互连网络，即逻辑上可以彼此异构，物理上设备差距巨大，但从网络层来看好像是一个整体，称为虚拟互连网络，计算机通过这个网络连接起来。

（三）网络互连的组件

路由器是互联网的标准组件，它可以实现网络之间的连接。如果网络号不同，就认为两个网络是不同的网络，而两个不同网络的连接，需要依靠路由器作为连接枢纽，路由器系统构成了互联网的主体脉络，是通信子网中的交换节点，路由器构成了 Internet 的骨架，如图 1-2 所示。

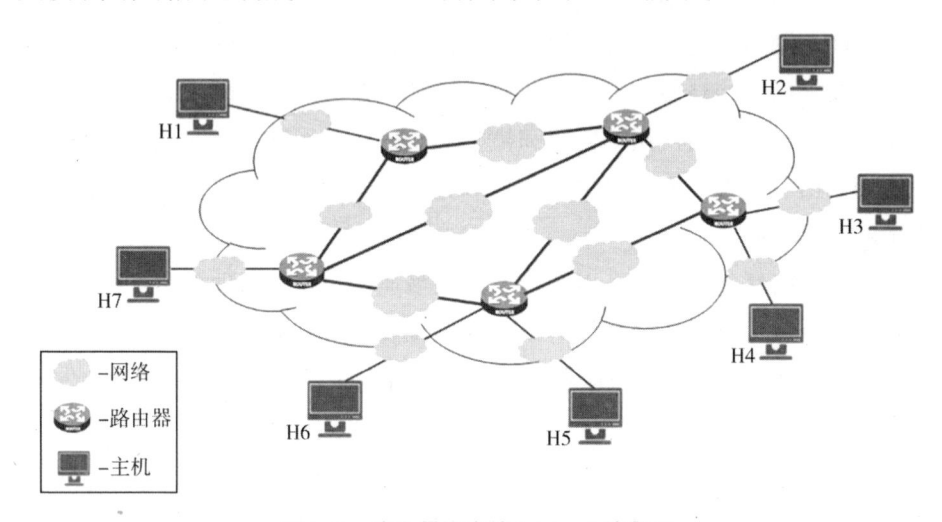

图 1-2　路由器构成的 Internet 的骨架

一个网络可以通过路由器与其他各种类型的大小网络相连，互联网本身就是这样通过逐步互连，发展成为今天覆盖全球的计算机网络。当前网络发展主要的瓶颈之一就是路由器的处理速度，而路由器的可靠性又会对网络的连接质量产生直接影响。因此，在园区网、地区网，乃至整个互联网研究领域中，路由器技术始终处于核心地位，其发展历程和方向，成为整个互联网研究的一个缩影。

路由器是两个相连网络的共同边界，更是两个相联网络的内部成员。路由器的一个端口连接着一个网络的总线，该端口拥有一个属于该网络的 IP 地址。由于它是网络的内部成员，能够像网络中的其他工作站一样广播和接收数据帧。同时，当一个端口收到的数据帧所包含的数据包需要发给另一个网络，就会将数据包封装成另一个网络的数据帧，通过连接端口向该网络以广播的形式转发数据帧。由于一台路由器同时属于多个网络，它必须同时运行多个网络所采用的协议。

路由器是连接两个相邻网络的交换节点，反过来，一个网络也是连接两个路由器的链路。如果这个网络足够简单，两个路由器之间没有其他起连接作用的节点，那么这两个路由器就构成了相邻节点。如果两个距离遥远的网络相连，可以通过通信链路直接将两个网络边界上的路由器连在一起，此链路是一个特殊的直联网，与特殊直联网相连的端口不需要 IP 地址。

路由器与网桥十分类似，都有处理器和内存（很多重要节点实际上是一台高档计算机），都用端口与每个网络相连，都根据表信息做出是否转发的决定。路由器与网桥的区别主要集中于以下方面：

第一，路由器工作于网络层，实现网络级互连；网桥工作于链路层，连接不同局域网。

第二，路由器构成的互连网络可以存在回路；网桥构成的互连网络如果存在回路，有可能形成"广播风暴"，因此必须尽力避免网络形成回路，这在实践中又是十分困难的。

第三，在安全策略、实现技术、性能、价格方面均有所不同。

第四，由网桥扩展的局域网仍然属于一个局域网，它们具有相同的网络号；由路由器连接的网络往往是不同的物理网络，它们有各自的网络号。

三、计算机互连网络协议

IP 是互连网络协议（Internet Protocol）的简称，它具有良好的网络互连功能，原因就在于它规范了 IP 地址和数据包格式，为不同物理网络的互连建立了一个统一的平台。换言之，各个网络为了能够互连，都需要运行 IP 协议，因而它们都能识别 IP 协议所规定的 IP 地址和数据包格式，都采用 IP 协议规定的方法处理 IP 地址和数据包。

（一）IP 地址

IP 地址是互联网中为每个网络连接（网卡）分配的一个在全世界范围内的唯一标识。IP 地址长度为 32 比特，由网络号、主机号组成，为了方便记忆，将32比特分成四个字节，每个字节用一个十进制数表示，十进制数之间用圆点分隔，它是 IP 地址的十进制表示，如192.168.0.25。

1. IP 地址的类型

按32位 IP 地址基本格式的第一个字节的前几位，将 IP 地址分为 A、B、C、D、E 五类地址。A、B、C 类地址为单目传送地址，用来分配给计算机使用，既可以作为源地址标识发送数据的源主机，也可以作为目的地址标识接收数据的目的主机；D 类地址为组播地址，用于在一个组内进行广播，即一个 IP 地址标识多台目的主机，只能作为目的地址；E 类地址为保留地址，以备特殊用途需要。

2. 特殊的 IP 地址

有几类地址不能分配给具体的计算机，它们有自己特殊的作用。路由器会按照以下地址的特殊作用进行路径选择。

（1）广播地址。主机地址部分全为"1"的地址是广播地址，将向指定网络的所有主机发送数据。IP 地址全为"1"的地址（255.255.255.255）是有线广播地址，将向本网络的所有主机发送数据。

（2）"零"地址。主机号为"0"的 IP 地址表示该网络本身，是一个网络号。网络号为"0"的 IP 地址表示本网络上的某台主机。全0地址"0.0.0.0"代表当前主机。

（3）回送地址。即以数字"127"开头的 IP 地址。当任何程序用回送地址作为目的地址时，计算机上的协议软件不会把该数据报向网络上发送，而是把数据直接返回给本主机，便于网络程序员测试软件。

可见，网络号和主机号为全0、全1的地址都是特殊地址，都不能用来分配给网络或计算机。

3. 子网与掩码

在一个网络内部，如果主机数量太多，会导致整个网络管理复杂，效率降低，速度下降。可以将一个网络划分成若干小规模的网络，称为子网络（或子网）。子网络效率更高，更好管理。子网掩码用来在主机号空间划分子网，它用主机号的若干个高位作为子网号，作为新编的子网编号。对于一个子网来说，网络号加子网号构成了本子网的网络号。与 IP 地址对应，子网掩码有32位数字。通过掩码可以把 IP 地址中的主机号再分为两部分：子网号和主机号。掩码中为1的位对应的部分为子网号，为0的位则表示主机号。网络划分后必须子网掩码对外宣布，外界路由器将把各个子网作为独立网络进行处理。

路由器在寻址过程中需要根据情况，使用IP地址中的子网络号或主机号。IP地址和子网掩码相"与"运算，得到该接口所在网络的子网号，而把地址和掩码的反码进行"与"运算，即可得到主机地址。

4. IP地址的分配

IP地址作为一种资源由网络管理机构提供给网络建设单位。网络管理机构以一组连续的地址块分配IP地址，网络建设单位可以根据自己网络中计算机的最大数量购买一个网络号，从而得到该网络号中所有连续的IP地址。网络建设单位还可以通过设计子网掩码的方式，将IP地址分配给二级单位。二级网络管理员可以将一个IP分配给用户，也可以让所有用户共同使用这些地址，在这种方式下，上网的计算机可以由系统临时分配一个空闲的IP地址。

一个用户如果得到一个IP地址，需要将该地址绑定在网卡上，一个网卡通常有一个接口连接电缆，它是网络的物理接口。一个IP地址表示一个网络连接，是一个网络接口。一台主机可以插入多个网卡，所以可以有多个物理接口；一个网卡可以绑定多个IP地址，所以可以有多个网络接口，也就是说一台计算机理论上可以有多个IP地址。

一个对外提供信息服务的物理网络不仅有大量的客户机，还应该有多个服务器，如Web服务器、FTP服务器、E-mail服务器和DNS服务器，每个服务器都需要分配一个IP地址。服务器的基本含义是指一个管理资源并为用户提供服务的计算机软件，通常分为文件服务器、数据库服务器和各种服务器应用系统软件（如Web服务、电子邮件服务）。一台计算机如果能力足够强，可以安装多个服务器。但服务器需要为广大计算机客户提供服务，负载很重。如果安装服务器的计算机运行能力不足，会导致速度下降，很容易成为影响网络速度的阻碍，从而影响网络整体性能。

运行服务器的计算机的处理速度和系统可靠性比普通计算机要高得多，因为这些计算机在网络中一般是连续不断工作的。普通计算机死机可以重启，即使数据丢失，丢失的也只是一台电脑的数据。但是，运行服务器则不同，它保存了很多重要数据，并且计算机负责多个网络服务，如果计算机发生了问题，将会造成巨大的损失，计算机上的服务器提供的功能，如代理上网、安全验证、电子邮件服务等都将失效，从而造成网络的瘫痪。因此，运行服务器的计算机或计算机系统相对于普通计算机来说，在稳定性、安全性、性能等方面都要求更高，CPU、芯片组、内存、磁盘系统、网络等硬件与普通计算机有所不同，在质量与处理数据性能上更出色。这些计算机一般专门用来运行服务器，久而久之，这些计算机被人们称为服务器。所以，服务器也被看作是网络环境下为客户机提供某种信息服务的专用计算机。服务器属于高性能的计算机，是网络节点，负责网络上80%数据、信息的存储以及处理，所以，服务器还有一个别称——网络的灵魂。

一台能力超强的计算机上可以运行多个服务器，因为每个服务器都需要各自的IP地址，这些IP地址都要绑定在这台计算机上。只有在这种情况下，一台计算机才需要绑定多个IP地址。在多数情况下，一台计算机一般只绑定一个IP地址。

5. IP报文的格式

IP协议规定了网络层所传输的数据包格式。数据包由IP报文头和数据两部分组成，其中，数据部分是传输层所交付的要传递的数据。IP报文头是网络层为传递数据所加的各种控制信息，又称为数据包首部。IP报文头的前20个字节是报文头不可缺少的基本部分，又称为固定首部；固定首部后面可以有若干个任选项。IP报文头大小是以4字节为单位计数，且随着任选项的多少而变化。填充项紧接在任选项后面，填充若干个比特位，以保证IP报文头的长度是4字节的整数倍。

（二）数据包

1. 数据传输服务

在通信子网中，网络层是最高层。在资源子网中，网络层的上层是传输层，网络层为传输层提供从源主机到目的主机的数据包传输服务。一般意义上，计算机网络的网络层可以提供两种服务供传输层选择。这两种服务是面向连接的虚电路服务和无连接的IP数据报服务。

（1）虚电路服务。面向连接服务作为一种数据传输技术可以用在系统的各个层次，虚电路服务是特指在网络层使用的面向连接服务，过程是源主机先发送一个通信连接请求（虚呼叫）数据包，寻找并逐一记录所通过的一系列路由器，构成一条通往目的主机的最优路径；目的主机返回同一通信数据包，包中含有记录了整个路径的路由信息表，然后在源主机与目的主机之间建立一条连接通路，也就是虚电路；在这条通路上，所有后续数据包按照路由信息表在各个路由器之间进行传输；通信完毕后释放虚电路。

虚电路服务采用的是分组交换方式，和电话系统采用的电路交换方式有本质的不同。电话系统由一系列程控交换机通过自动转接，在两个通话电话之间建立了一条实际的物理电路，在通话期间线路独占，利用率不高。虚电路是逻辑电路，一条物理线路可以建立多条逻辑电路，同时为多对通信服务。

虚电路服务适合大数据量的传输，一批发送的多个数据包，都携带了同一个路由信息表，中间节点不需要进行复杂的路径选择优化计算，只需要按照路由信息表标记的传输方向传递数据，缩短了延迟时间。由于只有一个通道，目的主机接收数据包的顺序与源主机的发送顺序一致。这些数据包是一个队列中的数据包，彼此之间有关联、有次序、不独立。如果有一个数据包发生错误，包括该包在内的所有后续数据包都要重新发送。因此，虚电路服务必须检查传输过程是否发生错误，如果网络传输出现了错误，虚电路服务必须负责解决这些错误，以保证最终传输完毕的所有数据包以及数据包之间的先后顺序都没有错误。因此，虚电路服务是可靠的数据传输服务。

（2）IP数据报服务。IP数据报服务特指网络层使用的无连接服务。交换节点根据数据包首部中记录的目的IP地址，运用路径选择算法决定每个路段的传输路径。数据报服务适合小数据量的通信。

IP数据报（又常被简称为"数据报"）就是数据包，在网络层传输的独立数据单元就是数据包。如果确实要强调两者的差异，数据包常用于描述网络层大量数据单元流动的场合，是网络层数据流中的一个个独立单元；而在讨论具体的一个数据包格式时，更多地使用IP数据报或数据报。

在IP数据报服务模式下，每个数据包作为一个独立的传输单元，传输路径彼此不同，可能出现后发的数据包先到达目的主机，即目的主机接收数据包的顺序与源主机的发送顺序不一致，这种错误叫错序。由于每个数据包彼此无关联，IP数据报服务也无法解决网络传输可能带来的丢失、重复等错误，它并不是可靠的传输方式。

在互联网中，网络层向传输层提供的基本服务是IP数据报服务，也就是IP数据报采用20字节的固定首部时能够提供的服务。互联网的网络层也是可以提供虚电路服务的，这需要在IP数据报首部中增加"松散源路由""严格源路由""路由记录"等任选项，属于特殊处理。一般地，认为网络层向传输层提供的常规服务是IP数据报服务。

2. 数据传输技术

面向连接服务与无连接服务是数据通信的两种不同的传输数据技术，各有优点和缺点。

（1）面向连接服务传输数据技术。面向连接服务的工作模式类似于电话系统，具体来讲，面向连接服务体现的特点包括以下三个方面：

①想要实现数据的传输，那么必须要经过三个阶段，即连接建立、连接维护以及释放连接；

②数据传输的过程当中，各个交换节点按照数据报首部中记录的路由信息表向下一个交换节点传输该数据包；

③第三，传输连接，它的传输轨道就好比我们经常看到的管道，信息的发送者在管道的一端将数据放进去，接收者在管道的另一端把数据取出来，这样的方式可以保证数据包的顺序不发生变化，所以数据的传输相对可靠。

（2）无连接服务传输数据技术。无连接服务类似于邮政系统的信件投递模式，无连接服务体现出的特点主要有三个方面：①所有的数据包当中都包含源节点地址及目的节点的地址，各个数据包由沿途的交换节点一步一步地向目的地址传输，直到到达目的主机，即使是来自一个报文的若干个数据包，他们彼此的传输过程都是相互独立的；②连接过程比较简单，不涉及连接建立、连接维护及释放连接过程；③目的主机可能会接收到错序或重复的数据包，还可能会遇到数据包丢失的情况。

无连接服务并不是可靠的，但它也有优势，它不需要过多的协议处理过程，操作简单，能够获得更高的通信效率。

四、路由的类型与算法

路由，意思是路由选择，选择途径，按指定路线发送。路由器的主要功能就是路由。路由器作为网络的一个交换节点，通过端口连接网络或者通过物理链路连接着一些相邻节点（也是路由器）。为了便于说明，要明确一些概念：目的主机是网络中接收数据包的主机；目的网络是目的主机所在的网络；互联网中的网络都与某个路由器的一个端口相连，连接目的网络的路由器称为目的路由器（也就是目的节点）。路由器的工作就是对于每一个接收到的数据包，根据数据包的目的 IP 地址，确定目的主机在网络中的位置，选择一个端口发出数据包。这个端口需连接一个目的网络，或连接一个距离目的路由器最近的相邻节点。

路由是通向目的主机的最佳路径，指路由器从一个端口上接收数据包，根据数据包的目的地址进行定向（路径选择）并转发到另一个端口的过程。

（一）路由的类型

1. 直接路由与间接路由

（1）直接路由，就是目的节点通过与目的网络相连的端口，以广播方式发送数据帧，从而将数据包发送给目的主机的过程。数据帧的封装及发送都要满足目的网络运行的数据链路层协议要求。一个路由器通过多个端口连接多个网络，必须能够运行这些网络的所有低层协议。

（2）间接路由，是路由器根据数据包中的目的 IP 地址指定的目的网络，选择一个距离目的路由器最近的相邻路由器，通过与之相连的端口，将数据包封装在数据帧中发往该相邻路由器的过程。

2. 静态路由与动态路由

路由器是根据本身拥有的一张路由表进行路径选择的，路由表记录了要去一个网络所应该选择的端口号。路由器根据数据包中的目的 IP 地址，可以计算出目的主机所在的网络，由查询路由表可知，应该选择哪一个端口。将数据包发往该端口，路由器就完成了数据包的转发工作。

路由表分为静态路由表和动态路由表：静态路由表，是由人为事先规定通信路径，它是根据常识做出的；动态路由表，可以根据网络的现状动态改变选项，以保证做出的路径选择为当前最佳。要做到这一点，所有的路由器都需要定期监测、掌握周边网络现状，定期彼此交换局部网络现状信息，并根据其他路由器提供的网络信息，运用路由算法改写动态路由表。由此可见，采用动态路由表，路由器工作量要大得多，但有利于网络的快速、高效和通信量的均衡。

根据路由器采用路由表的类型，可以将路由分成静态路由和动态路由。静态路由根据静态路由表进行路径选择；动态路由根据动态路由表进行路径选择。

互联网覆盖全球，网络数量多得难以精确统计，一张路由表不可能记录所有的网络。当一个路由器无法通过查表确定一个数据包该送往哪里时，就需要把数据包送往一个默认的端口。这种处理方式叫作默认路由。

（二）路由的算法

路由器的基本功能是路径选择，目的当然是选择最佳路径。最佳度量参数有：路径最短、可靠性最强、延迟最小、路径带宽最大、负载最小和价格最低等。可以使用任何一个标准，但必须实现将其指标用数据表示。路由信息交换的方式由路由算法确定。

路由算法的类型可以分为两类：①静态路由算法，预先建立起来的路由映射表。除非人为修改，否则映射表的内容不发生变化；②动态路由算法，通过分析接收到的路由更新信息，对路由表作出相应的修改。

1.典型静态路由算法

（1）洪泛法。路由器从某个端口收到一个不是发给它的数据包（也就是本路由器不是目的路由器）时，就向除原端口外的所有其他端口转发该分组。这是一种广播方式，网络中原来的一个数据包经过该路由器广播以后，倍增为几个，加之其他的路由器会继续广播，倍增的数据量相当可观。该方法的优点是操作简单，且保证目的主机能够收到，缺点是冗余数据太多，必须想办法消除。

（2）固定路由法。路由器保存一张路由表，表中的每一项都记录着对应某个目的路由器以及下一步应选择的邻接路由器。当一个数据包到达时，依据该分组所携带的地址信息，从路由表中找到对应的目的路由器及所选择的邻接路由器将此分组发送出去。

（3）分散通信量法。路由器内设置一个路由表，该路由表中给出几个可供采用的输出端口，并且对每个端口赋予一个概率。当一个数据包到达该路由器时，路由器即产生一个从0.00到0.99的随机数，然后选择概率最接近随机数的输出端口。

（4）随机走动法。路由器随机地选择一个端口作为转发的路由。对于路由器或链路可能发生的故障，随机走动法非常有效，它使得路由算法具有较高的稳定性。

2. 典型动态路由算法

采用动态路由的网络中的路由器之间通过周期性的路由信息交换，更新各自的路由表。其典型动态路由算法有向量距离算法和链路状态算法。

（1）向量距离算法（V-D路由算法）。向量距离算法有如下要点：

第一，该算法要求路由器之间周期性地交换信息。

第二，交换信息中包括一张向量表，记录了所有其他路由器到达本路由器的"距离"。

第三，"距离"的度量是"跳步数"或延迟。规定相邻路由器之间的"跳步数"为1；延迟取决于选取最佳的原则，可以用延迟时间、传输通信费、带宽的倒数等数据化参数，参数越小越优。"距离"表示的是一种传送代价。

第四，每个路由器维护一张表，表中记录了到达目的节点的各种路由选择以及相应的距离，给出了到达每个目的节点的已知最佳距离 $D(i,j)$ 和最佳线路 k。每个路由器都是通过与邻接路由器交换信息来周期性更新该表。

第五，节点 i：路由器自身；节点 j：目的节点；节点 k：节点 i 的相邻节点。

第六，$D(i,j) = \min(D(i,k) + D(k,j))$，$D(i,j)$：本节点到达目的节点的最短距离；$D(k,j)$：本节点的相邻节点 k 到达目的节点的最短距离；$D(i,k)$：本节点与相邻节点 k 的距离；$D(k,j)$ 和 $D(i,k)$ 通过与邻接路由器交换信息得到。从本节点出发，有几个相邻节点就有几个通往目的节点的路径选择，本节点到目的节点的最短路径就是这几种选择中距离最小的那个。

第七，节点 i 通过交换信息得知节点 k 出故障，$D(i,k) = \infty$，通过重

新计算 $D'(i,j)$，找到新的最佳线路 s，改变表中记录为 $D'(i,j)$, s。

第八，节点 k 的相邻节点出故障导致 $D(i,j)$ 改变，重新计算 $D'(i,j)$，有两种可能结果：找到新的最佳线路 s，改变表中记录为 $D'(i,j)$, s；k 仍为最佳线路，改变表中记录为 $D'(i,j)$, k。

（2）链路状态算法（L-S 算法）。向量距离算法的缺陷在于每个路由器不知道全网的状态，链路状态算法解决了这个问题。

链路状态算法的基本思想是：通过节点之间的路由信息交换（每个路由器到相邻路由器的距离。这种信息是确切无疑的，是由路由器自己测出来的），每个节点可获得关于全网的拓扑信息，得知网中所有的节点、各节点间的链路连接和各条链路的代价，将这些拓扑信息抽象成一张带权无向图，利用最短通路路由选择算法计算出到达各个目的节点的最短通路。链路状态算法具体步骤如下：

第一，发现相邻路由器。通过向相信路由器发问候报文，从应答报文可知道相邻路由器是否存在或是否正常工作。

第二，测量距离。通过向相邻路由器发回响报文，计算延迟时间。

第三，构造链路状态报文。各路由器根据相邻路由器的延迟，构造自己的链路状态报文。

第四，广播链路状态报文。每个路由器利用洪泛法向外界广播，确保本网中任何其他路由器都能收到。同样，每个路由器都能收到其他路由器发来的链路状态报文。

第五，计算新路由。每个路由器都可以获得其他路由器发出的链路状态报文，每个路由器都可以据此构造出带权无向网络拓扑图，根据该图，利用最短通路路由选择算法算出所有目的路由器最短路径，建立新的路由表。

五、计算机网络的设备

（一）传输介质设备

传输介质是计算机网络最基础的通信设施，是连接网络上各个节点的物理通道。网络中，传输介质可以分为两类：有线介质和无线介质。有线介质包括同轴电缆、双绞线和光纤，无线介质包括无线电波、微波、红外线、卫星通信等。

1. 同轴电缆

（1）同轴电缆的结构。同轴电缆是由内导体铜芯、绝缘层、外导体屏蔽层和塑料保护层组成，联网时还需要使用专用的连接器件。

（2）同轴电缆的型号。

第一，RG-8或RG-11，匹配阻抗为50Ω，用于10Base5以太网，又叫粗缆网。

第二，RG-58A/U，匹配阻抗为50Ω，用于10Base2以太网，又叫细缆网。

第三，RG-59/U，匹配阻抗为75Ω，用于ARCnet（早期一种令牌总线型网络）和有线电视网。

第四，RG-62A/U，匹配阻抗为93Ω，用于ARCnet。

（3）同轴电缆的形式。①基带同轴电缆，由网状铜丝编织构成，其特性阻抗数值是50Ω，这种形式的电缆适合传输数字信号；②带宽同轴电缆，由铝箔缠绕构成，其特性阻抗数值是75Ω或者93Ω，适合传输模拟信号。在局域网络中，最常使用的是特性阻抗为50Ω的基带同轴电缆，数据传输率为10Mbps。

（4）同轴电缆主要特性。根据同轴电缆的直径粗细，50Ω的基带同轴电缆又可分为细缆（RG-8和RG-11）和粗缆（RG-58）两种。

粗缆的连接距离较长，在使用中继器的情况下，粗缆的最大传输距离可达2500m（单段最远500m，最多5段）。因为安装的过程中电缆可以不用切断，所以可以按照实际需求对计算机的入网位置做出灵活的调整，但是粗缆网络也有一定的缺点，它的使用需要收发器和收发器电缆，因此安装造价比较高，安装整体难度比较大。

细缆连接距离较短，在使用中继器的情况下，细缆的最大传输距离可达925m（单段最远185m），安装步骤相对简单，而且造价低廉，但是它的安装需要把电缆切断，在电缆的两端装上基本网络连接头，通过基本网络连接头连接T形连接器的两端，由于使用了过多数量的接头，可能会埋下接头接触不良的隐患，这些隐患往往会触发细缆以太网的运行故障。

同轴电缆的抗干扰能力是比较强的，为了让同轴电缆有更加优质的电气特性，我们需要让电缆屏蔽层和大地连接，并且在两头处配备终端适配器，终端适配器匹配阻抗是50Ω，它的存在可以减少信号反射产生的不良影响。

无论是粗缆还是细缆，与之连接的网络都属于总线型拓扑结构，也就是多台计算机同时连接在一根线缆上，我们可以在机器密集的环境当中使用拓扑结构。但是，这种结构也有它的弊端，如果发生了连接点故障，就会影响到整条电缆上的多台计算机，后续的故障修复工作将会非常烦琐，因此这种结构渐渐地被双绞线以及光缆替代。

2. 双绞线

（1）双绞线的结构。双绞线指的是有两根外部包裹着橡胶外皮的绝缘铜线结合在一起组成的线缆。

（2）双绞线的形式：一是两对线型，这种型号的接插头称作 RJ-H；二是四对线型，这种型号的接插头称作 RI-45。双绞线电缆分成两种不同的形式：一是屏蔽双绞线 STP；二是非屏蔽双绞线 UTP。屏蔽双绞线因为有屏蔽层，所以造价高、安装复杂，只在特殊情况（电磁干扰严重或防止信号向外辐射）下使用；非屏蔽双绞线 UTP 无金属屏蔽材料，只有一层绝缘胶皮包裹，价格相对便宜，安装维护容易，因此得到广泛使用。

根据传输特性进行分类可以把双绞线分成以下七种类型：

一类线：传输语音为主的双绞线，这种类型的双绞线不传输数据。

二类线：既可以进行语音的传输，又可以进行传输速率高达4Mbps的数据传输，最早应用于4Mbps的令牌环网。

三类线：是带宽为16MHz的电缆，该电缆不仅可以传输语音还可以进行传输速率高达10Mbps的数据传输，大多数情况下被应用于10兆的以太网。

四类线：是带宽为20MHz的电缆，该电缆不仅可以传输语音，还可以进行速率高达16Mbps的数据传输，它大多数情况下被应用于16兆的令牌环局域网以及10兆的以太网。

五类线：是外部装有优质绝缘材料的电缆，这类电缆的带宽是100MHz，它有更高的绕线密度，不仅可以传输语音还可以进行速率高达100Mbps的数据传输，大多数情况下应用于100兆或者10兆的以太网，这也是日常生活中最经常用到的一种电缆。

超五类线：特点是衰减小、串扰少，而且衰减和串扰之间的比值更高，延时误差比较小，整体提高了性能。它的带宽为200～300MHz，通常情况下被应用在千兆以太网。

六类线：带宽为350～600MHz，比超五类线的带宽高出两倍，传输性能也要比超五类线高得多。大多数情况下在传输速率高达1Gbps的应用中使用。

双绞线电缆主要用于星形网络拓扑结构，即以集线器或网络交换机为中心、各网络工作站均使用一根双绞线与之相连。这种拓扑结构非常适合结构化综合布线，可靠性较高，任何一个连线发生故障时都不会影响网络中其他计算机，故障的诊断与修复比较容易。

（3）双绞线的特征：通常情况下传输距离不会超过100m；双绞线类型不同，传输速度也会不同；容易弯曲，重量比较轻，价格比较低廉，容易维护；可以最大程度地降低甚至消除串扰，有非常强的抗干扰能力；有阻燃性；适合结构化的综合布线。

（4）双绞线的接线方式。常用的五类双绞线有四对线，八种颜色，分别是橙色、橙白色、绿色、绿白色、蓝色、蓝白色、棕色、棕白色，每种颜色的线都与对应的相间色的线扭绕在一起。从传输特性上看，八条线没有区别，连接计算机网络时，只需要四根线即可，而使用哪四根线、如何连接，电子工业协会（EIA）对此做出规定，这就是EIA/TIA-568A和EIA/TIA-568B标准，简称T568A或T568B标准。两个标准规定，联网时使用橙色、橙白色、绿色、绿白色两对线，将它们连接在RJ-45接头的1、2、3、6四个线槽上，其他四根线可以在结构化布线时，用于连接电话等设备。

根据需要，可以将双绞线接线变成直连线或者是交叉线。直连线指的是双绞线的两端使用的接线线序是吻合的，都用T568A或都用T568B。由于习惯的关系，多数直连线用T568B标准；所谓的交叉线指的是双绞线的两端使用的接线标准是有差异的，其中一端使用的是T568A，另一端使用的是T568B。

接线方法不同，使用的场合也不同，一般情况下，直连线会用于不同类型设备的连接，其内部接线的线序不同，如计算机网络与交换机或集线器连接，交换机与路由器连接，集线器普通口与集线器级联口（UPlink端口）的连接等；交叉线用于连接相同类型的设备，相同类型的设备内部接线线序相同，如两个计算机通过网卡连接，两个集线器或两个交换机之间用普通口连接，集线器普通口与交换机普通口连接等。实际上，无论是哪种接线方式，都是为了保证一端的发送端（1橙白、2橙）连接另一端的接收端（3绿白、6绿）。当两个不同类型的设备相连时，由于设备内部线序不一致，用直连线恰好实现一端的发送线槽与另一端的接收线槽相连。当两个相同类型的设备相连时，由于其内部线序一致，所以用交叉线可实现一端的发送与另一端的接收相连。

3. 光纤

光纤，是网络传输介质中传输性能最好的一种介质，大型网络系统的主干网都使用光纤作为传输介质。光纤也是发展最迅速、最有前途的传输介质。

（1）光纤结构。它的横截面是圆形的，主要包括纤芯和包层，这两部分介质的光学性能是有差异的。纤芯是光通路包层，它的构成材料是多层反射玻璃纤维，可以让光线反射到纤芯上，实用的光缆外部还需有加固纤维（尼龙丝或钢丝）和PVC保护外皮，用以提供必要的抗拉强度，以防止光纤受外界温度、弯曲、外拉等影响而折断。

（2）光纤传输原理。首先在发送端通过发光二极管把电信号变成光信号，然后在接收端部分使用光电二极管把光信号再转换成电信号。

（3）光纤的类型。光纤分为单模光纤和多模光纤两种类型。单模光纤内径<10μm，只传输单一频率的光，光信号沿轴路径直线传输，速率高，可达几百吉字节，用红外激光管做光源（ILD）；传输距离远，成本高。多模光纤纤芯直径为50~62.5am，可以传输多种频率的光，光信号在光纤壁之间波浪式反射，多频率（多色光）共存，用发光二极管做光源（LED）；传输距离近，约2km，损耗大，成本低。

（4）光纤的特征。

第一，具有较大的信道带宽，传输速率快，一般情况下可以达到1000Mbps。

第二，能够进行远距离的传输。一般情况下，单段的单模光纤传输的距离可以达到几万米，单段的多模光纤传输的距离可以达到几千米。

第三，有较强的抗干扰能力，能够进行更高质量的传输，在光纤当中传输的是光信号，所以信号的传输不会受到外部电磁场的影响。

第四，保密性能比较好，受到的信号串扰比较小。

第五，重量非常轻、体积小，比较容易运输和安装。

第六，一般情况下，使用塑料和玻璃来制作光纤，所以它的材料来源非常广泛，对环境的污染比较小。

第七，没有辐射，安全性高，可防止窃听。

第八，有较强的实用性，使用时间更长。

4.无线传输介质

无线传输，是利用大气层和外层空间传输电磁信号，地球上的大气层为大部分无线传输提供物理通道，即常说的无线传输介质。无线传输所使用的频段较为广泛，目前主要的无线传输介质有无线电波、微波、卫星和红外线。

（1）无线电波。无线电波指频率范围在10kHz～1GHz的电磁波谱。这一频率范围被分为短波波段、超高频波段和甚高频波段。无线电波主要用于无线电广播和电视节目以及手提电话通信，也可用于传输计算机数据。

（2）地面微波通信。地面微波一般使用4～28GHz频率范围，采用定向式抛物面形天线收发信号。由于微波信号具有极强的方向性，直线传播，遇到阻挡则会被反射或被阻断，为此要求与其他地点之间的通路没有障碍或视线能及，但是地球是圆的，当距离超过50km时，进行传输就需要我们单独设置中继站，或者是遇到了山脉的阻隔，也需要设置中继站，中继站的作用是将信号放大。

地面微波系统，有助于远距离通信的实现。如果地区不方便设置电缆，那么可以使用地面微波系统。地面微波系统有更宽的频带、更大的容量，而且可以实现各种各样的电信业务，比如电话、传真、数据的传输、彩色电视信号的传输等。

（3）卫星微波。卫星通信是微波通信的一种，微波会利用卫星作为中继站，实现不同地面之间的信号连接。卫星通信最大的特点是覆盖范围广，多个地面之间可以实现无缝隙覆盖。之所以能够覆盖如此广泛，是因为它停留在几百米、几千米甚至是几万米的卫星轨道上，所以覆盖范围相比其他通信系统广。因此，卫星通信可广泛应用于视频、电话、数据等远程传输。

（4）红外线通信。红外线通信指依赖红外线作为信息传输手段的一种通信方式。具体来讲，红外线通信的传输方式可以分成以下两类：

第一，点对点的方式。这种方式的优势在于通过衰减得到有效控制，不利于侦听，但是在实施过程中，红外线的发射器和接收器之间不能存在物体阻隔。

第二，广播方式。广播方式的特点是信号面向一个相对较大的区域，区域内的接收器可以接收到信号。

（二）网络连接设备

1. 集线器

（1）集线器及其作用。集线器是将网络中的站点连接在一起的网络设备。在局域网上，每个站点都需要通过某种介质连接到网络上，在使用双绞线联网时，由于RJ-45接头的特殊性，使得将多个工作站连接在一起必须通过一个中心设备。这样的中心设备称为集线器或集中器。由于大多数集线器都有信号再生或放大作用，且有多个端口，所以集线器也被称为多端口中继器。

（2）集线器的工作原理。以普通共享式以太网集线器为例，探讨集线器的工作原理。从网络体系结构上看，集线器工作在物理层，只能机械地接收比特，经过信号再生后，将比特转发出去。集线器不能够识别源地址和目的地址，没有地址过滤功能，所以当集线器收到比特时，为了使比特能够传送到目的站点，需要采用广播方式，即从一个端口接收数据向除入口之外的所有端口广播。

从内部结构看，集线器只有一条背板总线，集线器上所有端口都挂接在这条总线上，一个站点传输数据时，需要独占整个总线的带宽，其他站点只能处于接收状态。如果多个站点发送数据，需要通过竞争的方式，获得介质访问权利。这种竞争方式使得集线器的每个端口获得的实际带宽，只有集线器总带宽的1/N（N为集线器端口数量）。

以一台8口100Mbps集线器为例，假设每个端口上的站点发送数据的机会是均等的，由于背板总线被8个站点轮流占用，某站点发送数据时独享

100Mbps 带宽，而在其他站点发送数据时，其所占带宽为0。所以，在一个发送周期内，每个端口获得的平均带宽只有12.5Mbps。

当局域网站点众多，一个集线器端口不能将所有站点连入网络时，可以采用集线器级联方法，有些集线器有级联口（UPLink 口），可以用直连线一端连一个集线器的级联口，另一端连接另一个集线器的普通端口；如果集线器没有级联口，可以用交叉线连接两个集线器的普通口。集线器级联后，相当于增加了集线器的端口数量，降低了每个端口的平均速率，在扩大广播范围的同时，也扩大了冲突范围。

（3）集线器的类型划分。按照集线器提供的端口数进行划分，目前主流集线器主要有8口、16口和24口等大类；按照集线器所支持的带宽，通常可分为10Mbps、100Mbps、10/100Mbps 自适应三种。

2. 调制解调器

（1）调制解调器及其作用。调制解调器是电话拨号和因特网之间进行连接使用的硬件设备。一般情况下，计算机会使用数字信号传播信号，电话线会使用模拟信号传播信号。两种信号的不同，导致两者进行信号传输时需要使用调制解调器。当计算机发来信息，调制解调器会将计算机的数字信号变成电话线接收模拟信号；当电话线需要传输信号，调制解调器则会将电话线中的模拟信号变成计算机可以使用的数字信号。调制解调器的作用是实现两者之间的信号传输。

（2）调制解调器的分类。调制解调器有外置式和内置式两种。外置式调制解调器放置于机箱外，有比较美观的外包装；内置式调制解调器是一块印制电路板卡，在安装时需要拆开机箱，插在主板上，较为烦琐，还有 USB 接口的调制解调器。

3. 网卡

（1）网卡及其作用。网卡又称作网络接口卡或网络适配器，是组建网络必不可少的设备，每台联网计算机至少要有一块网卡。网卡一端有与计算机总线结构相适应的接口；从另一端体系结构角度来看，在 OSI 参考模型中，主机应该具有七层结构，网卡为 OSI 参考模型提供物理层的服务功能以及数据链路层的服务功能，它的存在使得计算机可以进行通信，能让计算机完成低层通信协议。除此之外，网卡还会给计算机提供地址，让计算机具有网络唯一标识，该地址叫作物理地址或 MAC 地址。网卡有多种类型，由于以太网是当前市场的主流产品，所以以下结合以太网卡介绍网卡的基础知识。

（2）网卡的功能。在网络通信中，网卡主要完成以下功能：

第一，连接计算机与网络。网卡是局域网中连接计算机和网络的接口，通过总线接口连接计算机，通过传输介质接口连接网络。多数网卡支持一种传输介质，也有同时支持多种介质的网卡，如二合一网卡、三合一网卡。

第二，进行串行/并行转换。网卡和局域网之间的通信是通过同轴电缆或双绞线为载体进行串行传输，但是网卡和计算机的通信是利用计算机主板中的 I/O 总线为载体进行并行传输，所以网卡的作用就是进行串行转换以及并行转换。在发送端，要将来自计算机的并行数据转换成串行在网络里传输；在接收端，网卡要将从网络中传来的比特串转换成并行数据发给计算机。

第三，实现网络协议。不同类型的网络，其介质访问控制方法以及发送接收流程不同，传输的帧的格式也不同。使用什么协议进行通信，取决于网卡上的协议控制器，协议控制器决定网络中传输的帧的格式和介质访问控制方法。在发送端，网卡负责将数据组装成帧，加上帧的控制信息；在接收端，网卡负责识别帧，并负责卸掉帧的控制信息。

第四，差错检验。网卡以帧为单位，检查数据传输错误。在发送端发送数据时，网卡负责计算检错码，并将其附加到数据之后；在接收端，网卡负责检查错误，如果收到错误的帧，则会丢弃，如果收到正确的帧，则会发送给主机。

第五，数据缓存。在发送端，主机将发送的数据送给网卡，网卡发送数据并将要发送的数据暂存在缓存中，如果接收端发来确认信息，网卡将缓存中的数据清除掉，腾出缓存发送新的数据；如果接收端没有准确收到，网卡会从缓存中重发数据，直到准确收到为止。在接收端，缓存用于暂存已经到达但还没有处理的数据，每处理完一帧数据，就将该数据从缓存中清除，准备接收新的数据。

第六，编码解码。为改善传输质量，发送端网卡在发送数据时，需要对传输数据重新编码。以以太网为例，在发送数据时，需要将数据用曼彻斯特编码后送传输介质传输；在接收端，网卡从传输介质接收曼彻斯特编码，并将其还原成原来的数据。

第七，发送接收。网卡上装有发送器和接收器，用于发送信号和接收信号。

（3）网卡地址。每块网卡都有一个世界上独一无二的地址，这个地址叫作物理地址，又叫MAC地址，该地址在网卡的生产过程，被写入网卡的只读存储器中。以太网卡的物理地址由48位二进制数组成。但是，由于二进制数不便于书写和记忆，所以实际表示时用12位十六进制数表示。二进制到十六进制的转换十分简单，即将每4位二进制数写成1位十六进制数即可。

第二节 计算机网络安全及其体系结构

一、计算机网络安全及其策略

自从计算机网络诞生，人们的生活发生了巨大变化，计算机网络在全球的应用迅速步入新的发展阶段，也引发了一系列的计算机网络安全问题。这里讨论的计算机网络，指依赖于计算机而形成的网络环境，其范围更大，并不是狭义上的计算机网络。

企业在发展过程中，信息的获取相当于企业获得巨大的财富。但是，计算机网络的发展导致病毒泛滥。企业发展必须关注网络安全防护，如果把企业的计算机网络比作一个个体，个体在维护身体健康的过程中，除了依赖家中常备药品之外，还需要定期到医院进行检查，需要保持良好的生活习惯。对于企业的计算机网络来说，网络安全的维护也是同样的道理，它并不是一劳永逸的，而是需要进行多个方面的综合考量。企业网络在进行安全防护时，除了需要使用专业的防护设备、防火墙之外，还需要应用交换机，只有进行多重防护，才能保证网络在企业生产中发挥作用。计算机网络技术的出现，代表技术的发展已经取得一定科学成就，也代表通信技术和计算机技术之间进行了充分结合。计算机的硬件技术和软件技术都得到了良好发展。图1-3显示了以防火墙作为安全设备的网络安全通用模型。

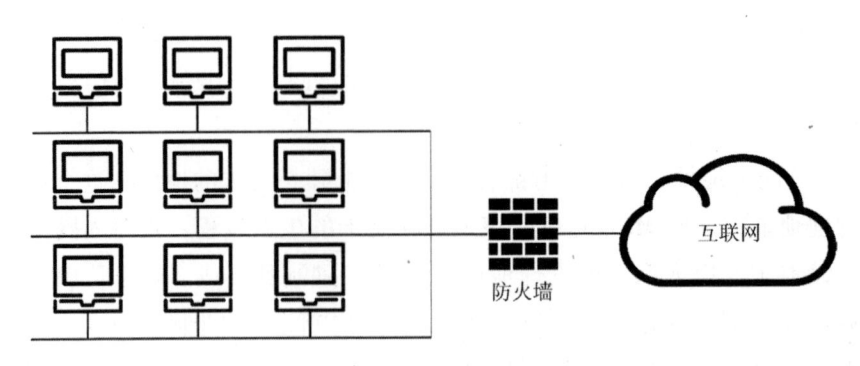

图1-3 网络安全通用模型

网络安全，指网络中信息的安全。从广义的范围来讲，只要和信息安全有关的，都可以是网络安全范畴，比如信息是否真实、是否完整、是否可用、是否可控、是否具有保密性等。具体来讲，网络安全，指系统硬件、系统软件、系统数据没有受到外在的恶意攻击，没有遭受破坏，也没有被泄露，整个网络系统处于正常的运行状态，网络提供的服务没有出现中断问题。

从用户角度来看，用户并不希望自己的隐私或其他信息被泄露到网络中，需要保护个人信息的完整性，防止个人信息被其他人任意盗取，任意更改使用。因为个人信息的丢失、篡改，会给个人带来较大损失，同时希望个人的计算机系统可以抵御其他用户的非法入侵、非法破坏。

从管理者的角度或网络运行的角度来看，管理者希望保护网络操作、控制网络操作，以免网络受到其他病毒或者是黑客的攻击，避免网络上的资源被非法使用和控制。换言之，网络应该有抵御外界攻击的能力。

从社会教育和意识形态发展角度来看，网络上如果充斥着大量的危险信息，人们的思想也必然会受到不良危害，社会稳定也会受到影响，不利于人类长久发展。

伴随全球化速度的加快，将会有越来越多的数字信息产生。经济、文化、社会发展等方面，网络技术发展的同时也会产生大量网络安全隐患，这是社会发展必须要面对、解决的问题。

（一）计算机网络安全内容

计算机网络安全，指利用网络管理措施，保障网络数据信息的可用性、完整性以及保密性。

网络安全最终实现的目标是确保网络中的信息安全，从信息的产生、传输、存储到信息的处理，这一系列过程都是安全的。具体来讲，网络安全主要涉及三个方面：①物理安全，如果要确保信息是安全的，必须对信息的访问设置一定物理限制，负责信息安全的工作人员必须做到信息没有被非法移动、非法篡改或者是非法盗取，防止人为失误造成的安全事故、设备安全故障及自然灾难应对措施；②运行安全，运行安全指有效处理存在的安全威胁，主要涉及网络访问控制，也就是保证访问者在访问信息资源时使用合法渠道，身份认证是访问网络的用户身份必须是真实的、可靠的，还包括网络拓扑，是根据实际需求情况，安排具体的网络位置；③管理安全，指通过有效的管理措施、管理方法、安全策略、安全标准等，保证信息是安全运行的，如图1-4所示。

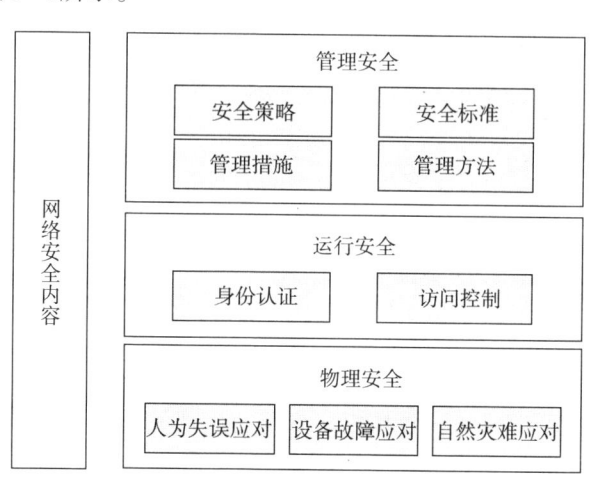

图1-4 网络安全内容

应用环境与信息技术不同，网络安全的解释和定义也不同，网络安全还可以划分成以下几方面内容：

第一，网络运行安全。运行指信息的处理和信息的传输，网络运行安全需要保证该过程的安全性。通常情况下，网络运行安全强调的是让系统处于正常运行状态，不要让系统出现运行崩溃或者运行异常状况，进而影响信息的处理和传输，避免造成信息泄露。网络运行安全涉及方方面面，既包括软件安全、硬件安全，也包括数据库安全、结构安全、机房环境安全。此外，还要预防电磁信息的泄漏。

第二，网络系统安全。网络系统安全主要包括用户存取权限、计算机的病毒防治、数据存取方面的权限、数据的加密处理以及安全方面的审计工作。

第三，信息传输安全。信息传输安全指信息在传播之后需要对信息进行过滤处理，以保证信息的安全。对信息的过滤处理，不仅需要处理健康信息，还需要处理不健康的信息。处理主要是阻止不良信息、非法信息的传播，避免信息出现传播失控问题。信息传输安全最根本的目的是维护社会稳定，保护国家利益，保障道德秩序。

第四，信息内容安全。目前，网络安全发展迅速，我国的网络安全产业也在不断进步和优化。特别是近年来，我国非常注重计算机技术发展，企业也非常注重信息化建设，国家和企业开始关注网络安全问题。同时，网络安全问题的出现也促使网络技术快速发展，只有技术发展才能解决问题，才能满足企业及国家的发展需要。

网络安全技术最初只是简单的防火墙，现在已经发展成为具有更多功能作用的网络安全系统，系统的出现极大地助益国家构建网络安全体系。虽然网络安全一直在发展，但是网络威胁也一直存在，安全技术的发展并没有直接消除网络威胁，网络安全一直面临网络威胁的挑战。因此，不能将网络安全技术创新当作是唯一的依靠，如果只从创新的角度出发，无法全面解决目前存在的网络隐患。因此，要从根本上解决网络安全隐患，需要花费一定时间，从整体角度进行思考。

总的来说，网络安全的本质是要保证信息传输及存储的安全性。在保证信息传输安全、转换安全、存储安全的过程中，可以使用各种计算机技术和信息技术，还需要对信息的传播途径进行控制。

（二）计算机网络安全策略

网络安全的概念是相对的，因为并不存在绝对的网络安全。所以，在管理过程中需要提高管理意识，加大管理力度。科技一直在发展，网络安全技术也在发展，威胁也伴随发展而变化，并不会始终维持原状。所以，无法将网络威胁彻底消除。对此，人们需要做的是积极应对网络威胁，加强网络安全防范，提高网络安全管理策略。在具体的管理中，可以从以下几个方面进行：

1. 数据加密策略

信息加密的目的是为了保护网络中的信息，保证信息在网络中的传输是安全的。对于网络加密，经常使用的加密方法主要有三个，包括加密链路、加密端点、加密节点，具体选择哪种方法需要考虑用户需求。信息加密的过程涉及多种加密算法，目的是为了用最小的付出获取最多的回报。要确保信息的机密性，使用的最基本方式是对信息进行加密。根据当前情况来看，市场上已经涌现出很多加密方法，因标准不同，加密方式和加密算法也不同。

2. 信息访问策略

（1）控制入网访问。对入网访问进行控制是最基本的控制方式，也是访问需要经历的第一道关卡，主要控制登录时间、工作站以及对服务器的使用权利。通常情况下，控制入网访问时主要包括三个步骤：第一步，识别用户名、验证用户名；第二步，识别用户口令、验证用户口令；第三步，检查账户的缺省限制。只有顺利通过三个步骤的检验，才可以访问网络。

（2）控制网络权限。控制网络权限是为了避免非法操作造成的不良影响，保护用户的权利，进而保证网络安全。控制网络权限主要控制的是用户以及用户组的操作限制以及资源访问限制。受托者的实现方式有两种：第一，指派，受托者指派用户或者用户组可以使用网络资源、网络设备；第二，继承，继承者可以确定子目录可从父目录中继承哪些权限。

如果从访问权限的角度进行分类，用户可以分成三种：①系统管理员；②一般用户；③审查用户。

（3）控制网络服务器安全。用户可以对网络进行拆卸、安装，还可以删除软件、卸载模块。进行网络服务安全控制，主要是通过口令形式，将服务器控制台锁定，以此保证非法用户无法入侵、无法删除软件、无法破坏、无法修改数据。在设置上，不仅可以对登录时间进行限制，还可以预防非法用户的登录。

（4）控制端口和节点的安全。通常情况下，网络服务器的端口会使用自动回呼设备以及静默调节设备，设备的使用是为了保护网络安全。在此基础上，还会设置密码识别用户身份，使用设备最主要的目的是防止非法用户的攻击。因为控制的存在，用户在进行登录时必须验证身份，而且必须是真实身份。只有用户身份信息通过检测，才可以进入用户端，但是检测还没有结束，在用户端和服务端还会进行一次相互验证。

3.设备安全策略

安全策略往往容易忽视物理设备的安全，制定设备安全策略的目的是有效保护硬件实体、通信链路，避免硬件设备或通信链路受到破坏和损害。对用户身份进行验证，是为了避免用户超越自身权限进行违规操作，是为了维护计算机系统工作环境的正常运行。建立健全安全管理制度，是为了防止有人故意破坏计算机控制室。

做好电磁泄漏的预防工作和控制工作，通常情况下，主要使用两种防护措施：一是对穿到发射的防护，尽可能减少传输中的阻碍，避免导线之间的耦合和交叉；二是防护敷设，通过使用干扰装置，模仿计算机系统辐射噪声，以此干扰其他设备探听计算机系统正常的工作状态、频率及特征。

除此之外，还可以使用金属屏蔽设备，屏蔽机房中的金属插件、暖气管道或金属门窗。

4.安全管理策略

加强对网络安全的重视，还要制定相关管理体系，以此保证网络安全。网络安全管理策略涉及很多方面，比如安全管理规定的制定、安全管理内容、网络操作规范、工作人员的进出管理、网络系统的应急制度、网络系统的维护制度等。在实际过程中，主要从以下三个方面进行管理：

（1）内部安全管理。该管理利用行政以及技术手段，并且在此基础上建立规范机房、内部安全、操作安全以及安全事件的应急等方面的制度。此外，还要配合制度制定合理措施，以此保证制度能够得到有效落实。

（2）网络安全管理。除了在网络中设置防火墙和路由器，还要确保路由器和防火墙访问控制列表的有关设置是正确的，并且保证数据不会被轻易修改，对此可以利用网管检测或防火墙安全检测，保证网络层管理的安全性。

（3）应用安全管理。对应用系统进行安全管理，涉及很多复杂工作，不同的系统使用的安全机制也具有差异性。所以，在管理方面，应该建立统一安全平台。

二、计算机网络安全体系的结构

网络安全体系结构的建立，让网络安全的发展形成了一个基本完整的框架，为了更好地保证网络安全，需要制定安全策略，引入并且开发更多技术，加大安全管理力度，建立网络安全体系结构，只有建立网络安全体系，才能说明网络安全防范已经达到最高层次。

网络安全体系结构，由多个网络安全防范单元构成，不同的单元之间存在关联，它们按照一定的规律组合起来，共同保护网络的安全。

（一）计算机网络安全体系的构建机制

1. 安全服务相关机制

（1）加密机制。加密机制主要是对存储的数据以及传输中的数据进行加密，可以单独使用，也可以和其他机制配合使用。加密算法主要有两种：一是单密钥加密算法；二是公开密钥加密算法。

（2）数字签名机制。数字签名机制发挥作用，需要核对信息签字过程和已经签字的信息。信息签字使用的是私有密钥，但是已经签字信息使用的是公开密钥。

（3）访问控制机制。访问控制机制主要是利用实体信息验证实体是否具有访问权限。访问控制实体采取的措施可以是单一的，也可以是多种方法相结合，目前涉及的方法主要有口令方法、安全标签方法等。

（4）数据完整性机制。信息发送者可以在通信过程中加入除了发送信息之外的辅助信息，并且对信息进行加密处理，然后共同发出。接收者在接收信息之后也会收到辅助信息，接收者可以将接收的信息和辅助信息进行核实比较。利用这种方法可以检验信息的完整程度，检验运输过程中是否有篡改痕迹，保证信息的完整性。

（5）认证交换机制。认证交换机制发生在同级之间，这种方式的验证可以是验证信息，也可以是验证实体的有关特征。

（6）公证机制。公证机制作用的发挥需要第三方参与，使用这一机制的前提是需要找到双方都信任的第三方。所以，该机制往往需要公证方的出现，并且公证方要进行数字签名。因此，公证机制的存在，避免了伪造签名等情况发生，也可以防止接收方拒绝接收信息。

2. 安全管理相关机制

（1）安全标签机制。安全标签的出现是为了保护信息资源的安全。安全标签可以是隐藏形式，也可以显露出来，并没有具体限制，但是安全标签和对象的结合必须保证安全。

（2）安全审核机制。安全审核机制的主要目的是了解与安全有关的所有事件，除了配备审核设备，还需要有与安全有关的记录，只有这样，才能处理和分析有关安全的记录信息。

（3）完全恢复机制。破坏行为发生之后需要进行恢复，需要实施一些措施，让状态恢复到正常的安全状态。通常情况下，安全恢复活动主要包括立即、长期及临时三种。

（二）计算机网络安全防范体系的层次

网络安全工作涉及安全组织、策略、运行体系以及技术，需要各机制进行合作，才能够取得网络安全的良好效果。但是，合作前需要为各项工作配备工作人员，而且工作人员需要承担工作职责与义务。除此之外，必须制定安全策略，确定工作的主要顺序，明确安全目标，然后选择适合目标的方法，才能实现目标。在执行过程中，需要工作人员遵守规范，结合组织安全、策略安全、运行体系以及安全运行技术，以此搭建有效的安全体系结构，进而实现安全工作目标。

网络操作系统以及应用系统要发挥作用，需要人工操作。因此，在考虑安全问题时，必须考虑用户的安全性。网络安全防范体系主要分为以下四个层次：

第一，物理层安全。这一层次的安全涉及通信线路、物理设备、机房等，主要保障通信线路。也就是说，应做好线路备份，才能使网络管理软件以及传输介质的安全性更可靠。与此同时，软硬件设备要做到安全，比如替换设备、增加设备或是拆卸设备。设备需要备份，还需要有一定的防灾能力、防干扰能力，还要保证设备运行环境安全、电源安全。

第二，系统层安全。这一层次的安全主要针对的是网络使用以及操作方面的安全问题。具体来讲，主要涉及三个方面：①操作系统存在系统缺陷，会带来身份认证、系统访问控制以及其他系统漏洞等安全问题；②系统在安全配置方面存在一定的不安全因素；③恶意代码会对系统操作造成不良影响。

第三，网络层安全。网络层安全主要包括：路由系统的安全问题、网络设施对病毒的防控、对网络资源访问设置的控制、数据传输完整性、保密性以及身份方面的安全。

第四，安全管理。这一制度对网络整体安全运行发挥至关重要的作用。安全管理制度一旦明确，安全管理责任也会有明确划分，工作人员在这种情况下，应尽职尽责做好本职工作，从而有效避免安全漏洞的出现。

（三）计算机网络安全体系的结构模型

当今网络发展迅速，必须确保网络信息是安全的。信息的安全传输过程，需要保证信息的转换是安全的。在这一过程中，可以利用加密处理验证接收方或是发送方的信息，以此确保信息是机密的。除了接收方和发送方都信任的第三方之外，机密信息必须做到对外人保密。这里的第三方主要是为了保证以及实现信息传输，信息是指机密性信息，一旦接收方或是发送方出现争议，可以由第三方进行调解。通常情况下，安全网络通信主要涉及以下内容：信息转换时使用的算法、信息获取中有关保密方面的安全服务协议、私密信息的共享以及信息转换遵守规则。

1. OSI 安全体系结构

OSI 安全体系结构，是由国际标准化组织进行一系列深入研究之后得出来的。OSI 参考模型是互联网 TCP/IP 协议的基础。OSI 安全体系结构是根据 OSI 七层协议模型来建立的，针对网络互联的七个层次，在每个层次上都定义了相关的安全技术。

2. P2DR 安全结构模型

（1）策略。无论网络安全系统属于何种类型，都必须清楚网络信息安全等级，然后对网络安全风险做出评估。这一过程，首先需要做的是制定网络安全策略。在建立策略体系过程中，需要考虑安全策略的制定、评估、执行以及反馈。通常情况下，网络安全策略主要由两部分组成：一是总体安全策略；二是具体安全策略。制定安全策略需要先进行安全风险分析，只有这样，才能准确找到需要保护的重点资源以及确定从哪些方面展开保护。P2DR模型的核心是安全策略，只有确定安全策略，才能制定相关措施。

总体安全策略，是从整体的角度对网络安全发展进行指挥，而具体安全策略是在遵照总体安全策略要求前提下，根据具体情况制定规则，明确哪些活动是被允许的，哪些活动是禁止的。安全管理也需要以安全策略为核心，在此基础上进行网络安全管理和运作。换言之，安全管理要以安全策略为主要支持和指导。

（2）防护。安全问题的出现是随时的，必须针对问题采取有效预防措施。预防措施主要有两种：一是主动防护技术，比如身份验证或者是访问控制；二是被动防护技术，比如数据备份、物理安全。对于P2DR模型，防护是关键，防护做好，可以避免很多安全问题。因此，可以将防护分成三种：①信息安全防护，主要防护数据的完整性以及数据的保密性，通常是对数据信息进行加密；②系统防护，可以提高系统的安全配置，修复系统中的补丁，系统不同，使用的具体防护措施、防护工具也不同；③网络安全防护，保护的是网络传输安全以及管理安全。

（3）检测。攻击者一旦入侵防护系统，检测系统会发挥作用检测身份，还会确定系统遭受的损失。防护系统通常情况下只能防御普通事件，无法对所有事件进行防护，尤其是新出现的入侵手段或者是入侵方式，防护系统做出的反应会相对较慢，如果发生入侵事件，检测系统会立即启动，并且发挥作用。

检测和防护是两个不同的概念，防护是对系统的不足和漏洞进行修补，以此让网络系统处于安全状态，避免外来攻击。攻击者往往会选择网络系统的漏洞展开攻击，这样才能成功。检测是配合防护工作，如果防护工作做得好，检测则不需要经常发挥作用。

（4）响应。一旦检测系统发现攻击者，响应系统会发挥作用。在模型中，检测的下一步是响应，响应的目的是处理已经发生的事件。响应工作的处理，可以根据实际情况，由不同的响应小组进行处理，或者由不同的响应部门进行处理，但无论响应小组是哪一组，使用的都会是紧急响应和恢复处理。一旦发生安全事件，会立刻采取措施，让系统尽快变成比原来状态更安全的状态。

对于安全系统，紧急响应非常重要，紧急响应能够消除潜在的不安全性。如果要彻底解决紧急响应，除了要做好准备，还应完成相关方案的制定，特别是应做好后续恢复工作，尽快将系统中存在的漏洞修补好，以此阻止攻击者的再次入侵。信息恢复指把攻击中丢失的信息数据还原。数据的丢失可能受到两方面影响：一是人为因素；二是系统故障和自然灾害。

P2DR 安全结构模型也存在明显缺点，没有考虑内在的变化因素。例如，人员的素质存在差异，而且人员需要流动，都会影响模型发挥作用。当然，安全问题涉及多个方面，如果系统的抵御能力非常强，危险事件发生的频率也会相对变低。

第三节　计算机信息安全及管理

一、信息安全及其系统安全

（一）信息安全特征与类型

信息安全属于广义概念，仅仅针对信息的安全性，与信息是否被计算机处理无关。信息安全的责任非常明确，即保护信息财产，防止信息外流。总之，信息安全是相关工作人员通过运用客观技术，消除可能威胁信息安全的各种因素，从而保证用户对信息来源具有足够的安全感。

1. 信息安全的特征

信息安全具有以下方面的特征：

（1）信息的完整性。在信息存储或传输情况下，信息不可更改的属性应该保持不变，只有经过允许才可以进行更改。换言之，要保证信息的完整性，需要避免信息被破坏。

（2）信息的可用性。信息的可用性指用户根据自身需求使用信息。攻击信息的可用性指阻碍信息合理化使用，比如网络系统受到攻击，无法正常运转。

（3）信息的保密性。在未经所有者允许的情况下，信息资源不会被其他人使用，确保信息不会被非法用户恶意窃取。

（4）信息的可控性。可控性特征指控制信息内容的传播，所有者对信息资源具有不同程度的监控权限。

（5）信息的不可否认性。信息的不可否认性可以用不可抵赖性进行表达，用户使用信息的过程不能被否认。换言之，信息的发起者和接收者都不能否认信息的传输过程。

2. 信息安全的类型

信息安全，主要包括监察安全、管理安全、技术安全、立法安全和认知安全等，针对各种信息安全类型，所采取的措施也各不相同，具体内容如下：

（1）监察安全。这种信息安全类型分为两种：一种是监控查验，即发现违规、确定入侵、定位损坏、监控威胁；另一种是犯罪起诉，即起诉、量刑。

（2）管理安全。此信息安全类型包括三种：一是技术管理安全，运用多种技术进行信息安全管理，如多级安全用户鉴别技术、多级安全加密技术、密钥管理技术等；二是行政管理安全，具体指人员管理和系统管理；三是应急管理安全，应制定有效的应急措施，对于攻击者的入侵，要进行适当防御。

（3）技术安全。技术安全分为四种：①实体安全，具体包括建筑安全和设备安全等；②软件安全，如开发和安装、复制和升级、加密和测试等；③数据安全，即数据加密、数据存储、数据备份；④运行安全，具体分为审计跟踪和系统恢复等。

（4）立法安全。通过制定相关政策和法律法规，保证信息的安全性。

（5）认知安全。采取适当方式，加强信息安全的宣传力度，普及信息安全教育，比如进行安全培训等。

（二）信息系统的安全威胁

1. 自然灾害的威胁

在各种信息系统安全威胁中，自然灾害的破坏力尤为显著，针对各种类型的自然灾害进行风险评估，同时采取适当的预警措施，既能够预防自然灾害的发生，还能够降低因其造成的损失程度。

每种灾害有其相对应的情况，具体内容如下：

（1）龙卷风可能提前预警，风力强烈需要及时转移，虽然风力强烈，但是持续时间较短。

（2）飓风可能提前预警，可能需要转移，这种自然灾害持续的时间不固定，有时是几个小时，有时是几天。

（3）地震可能提前预警，需要及时转移，尽管持续的时间短，但是灾害造成的后果非常严重，且仍然存在一定威胁。

（4）冰雹/暴风雪可能有预警，持续时间较长，转移的可行性较小。

（5）雷电探测器提前预警，可能需要转移，虽然持续时间短，但是这种灾害发生的概率较高。

（6）洪水一般提前预警，需要转移，洪水持续的时间会影响人们的安置时间。

2. 工作环境的威胁

工作环境的威胁不仅会中断信息系统的服务，还会损坏信息系统的资源。工作环境的威胁，通常体现在以下方面：

（1）不适的温度与湿度。信息系统设备在制造过程中，制造者会在10~32℃进行设计运行，如果系统运行不在该温度范围内，虽然系统能够继续运行，但是可能会发生不良后果。因此，相关设备的运行需要控制在一定温度范围内，温度不可过高，也不可过低，若设备周围温度过高，不具备散热能力，则内部组件会被烧坏；若设备周围温度过低，一旦连接电源，设备在电流的冲击下会出现集成电路板破裂的情况。

由于相关设备的内部温度明显高于周围温度，因而内部温度过高，也是温度威胁的一种情况。尽管各设备都有自身的散热方式，具备良好的散热功能，以及完善的运行功能，但是设备仍然无法避免受到外界因素影响，如外部温度过低或过高、电力供应中断、通风口堵塞等。如果外部温度过低，会影响设备的磁性和光学存储介质，还会导致线路短路，进而造成集成线路板损坏；潮湿的外界环境不仅会使设备表面遭受腐蚀，还会导致设备内部的器件发生性质变化，其原理是电流化学效应；干燥的外部环境会使设备的某些材料发生形变，使设备的性能受到不良影响。

除此之外，静电也是需要高度重视的一种威胁，设备内部的部分电子线路非常敏感，即使是10V以下的静电，也容易受到损坏；若静电达到100V，电子线路的损坏程度将更加严重。

（2）环境安全的威胁。所谓环境安全，即对系统所在环境的安全保护，常见的环境安全保护有区域保护和灾难保护等。根据国家相关政策和制度要求，信息系统的运行环境需要符合设计标准，具备多种切合实际的有效功能，如安全照明、持续供电、消防报警和温湿度控制等，从而保障系统不受任何不良因素影响。

在信息系统运行过程中，通过共享技术的应用，虽然系统具备用户鉴别和权限判定机制，但是依旧存在一定风险，原因在于多个用户同时操作资源时，资源隔离和用户访问控制无法离开共享的管理机制。若共享管理机制出现问题，则会发生两种情况：一是合法用户被分配到其不该占有的资源；二是攻击者可以非法访问到其他用户资源。

此外，还会出现正常用户的资源被抢占、云服务的可用性降低、服务器被植入病毒等问题。

（3）灰尘与有害生物。在日常生活中，灰尘是普遍存在且容易被人们忽略的物质。虽然很多设备都具备防尘功能，但是设备对纺织品和纸制品中的纤维没有预防作用，这种纤维会对设备产生负面影响，比如设备磨损和轻微导电等。通常情况下，具备通风散热功能的设备，也是最容易受到灰尘影响的设备，因为设备的通风口容易被灰尘堵塞，导致设备散热功能降低。

此外，有害生物也是容易被人们忽略的一种威胁，常见的有害生物包括真菌和昆虫等；长期潮湿的环境也会导致菌类大量生长，不仅对设备的运行功能产生负面影响，还会对工作人员的健康造成危害。

二、计算机信息安全与威胁

（一）计算机信息安全认知

1. 计算机信息安全的概念

计算机信息安全的概念，指针对计算机信息的安全保护措施，包括保护信息密码、对数据库网络进行维护，保证计算机的正常运行，确保信息在传输过程中不会受到泄露或更改等,从而为用户提供更好的信息传输体验。

(1)用户层面。从用户层面界定计算机信息安全,侧重于对用户信息的保护,要保证用户的信息不会在传播和留存过程中遭到泄露或破坏,防止他人窃取用户信息,对用户信息进行更改或破坏。除此之外,保护用户的信息安全,还必须确保用户存储在数据库的信息不会被同一数据库的其他用户查看或更改。

(2)网络运行和管理层面。从网络运行和管理层面界定计算机信息安全,侧重于对网络信息系统的管理和维护,既要为用户提供正常的访问数据库信息服务,又要预防系统受到外来病毒和恶意程序破坏等,威胁系统信息安全的危害,以保证计算机系统信息的正常安全使用。

(3)社会层面。从社会层面界定计算机信息安全,侧重于信息安全对社会安全的影响,除了要防止信息泄露对社会安全的危害,还要防止不良信息的传播对社会文化风气的影响。

2.计算机信息安全的构成

(1)硬件安全。计算机信息系统的构成,离不开硬件支持,硬件安全对计算机信息安全的维护十分重要。硬件安全是计算机信息安全的基本保障,计算机硬件承担着计算机信息载体和运行基础的作用。若计算机的硬件遭到破坏,则计算机的信息会直接失去基本的物理安全环境,即使再精湛的计算机信息防护技术也无济于事。

(2)系统安全。计算机系统是计算机信息安全体系的重要组成部分,计算机信息的各项操作必须在系统中进行,系统是计算机运行的基础,因此,系统安全对计算机信息安全的维护非常重要。计算机系统安全的维护主要面临系统漏洞、外来病毒与恶意程序的威胁,病毒和恶意程序会破坏系统的保密性,造成系统信息的泄露和损坏。由于计算机系统的复杂性,当系统安全受到破坏时,很难及时发现并进行维护,会给计算机信息安全带来极大威胁。正因为如此,计算机的系统安全才更需要引起重视。

(3)网络安全。计算机信息的传输离不开互联网技术的支持,然而,互联网环境错综复杂,网络上容易混入不良违法信息,对网络安全造成威胁,必须对互联网环境进行监管,关注众多用户在网络上的各项活动,包括网页访问、登录账号等,避免危害网络安全的现象发生。

3. 计算机信息安全的特征

（1）信息保密。计算机信息是针对特定用户开放的，未被授予访问权限的用户不能访问信息，所以，保密性是计算机信息安全的一大特性，计算机信息安全必须保证信息仅可由拥有访问权的用户访问，避免其他用户非法访问保密信息。信息泄露会给用户造成重大损失，信息保密工作对用户尤为重要。

关于信息保密工作，首先要明确信息是具有保密性的，仅可由特定人员访问，且不同信息的保密要求不同，需要采取的保密措施也不同。信息保密工作主要是通过控制计算机信息系统进行，管理员需要控制进入系统的对象，除了管控进入系统的用户，还需要控制进入系统的各类软件程序。

（2）数据完整。数据完整是计算机信息安全的一个特性，要确保数据的完整性，必须做到系统操作的科学性，保护计算机信息的硬件安全和软件安全，是保护数据完整的必要条件。计算机系统出现漏洞，会极大地破坏数据的完整性，而漏洞的出现往往是由于系统操作不够科学所造成的，还会影响计算机信息的硬件安全和软件安全。因此，系统操作的科学性必须引起重视。

系统操作不科学造成系统漏洞，可以分为三种情况：第一种是由于未经授权的用户恶意侵入系统；第二种是由于计算机的设计不合理造成的操作失误；第三种是由于某一个未被发现的失误而造成的系统漏洞。这些系统漏洞都会破坏数据的完整性，必须采取相应措施进行预防。除了保证数据的完整性，数据的真实性也是计算机信息必须具备的特性。真实性不等于完整性，真实性要求计算机信息完全真实。要保证计算机信息真实，除了维护计算机系统，还需要管理人员严格把控。信息真实需要从信息源抓起，既要确保系统用户的信息真实，又要保证计算机的信息来源真实可靠，这些都需要强大的技术支持，最常用到的是密码学技术，非对称密码的出现极大地解决了信息真实性的问题。随着互联网技术的发展，当前数据的完整性和真实性也获得了更好的保障。

（3）信息可用。计算机系统必须为用户提供稳定可靠的信息服务，确保授权用户在有信息服务需求时，可以获得满意的服务。计算机信息的可用性，指即使计算机系统遇到某些问题，依旧可以为用户提供需要的信息服务。需要注意的是，信息的可用性需要区分用户，对不同的用户群体会提供不同的信息服务，而区分用户群体和信息服务工作，一般是由系统的访问系统操作。除了信息服务的可用性，计算机信息的可用性还要做到计算机硬件、软件的可用性，为用户提供稳定安全的信息传输环境。

（4）信息可控。计算机信息的安全应建立在对信息的可控性上，计算机管理者必须确保计算机信息的存储和传输过程是可控的。

（二）计算机信息安全威胁

1. 系统漏洞

计算机信息安全的威胁，常见于利用系统漏洞的威胁，通过制造系统漏洞，入侵计算机系统，破坏计算机信息安全。其中，常见的制造系统漏洞的方式是溢出攻击。溢出攻击，是将具有攻击性的代码夹杂在一段较长的数据中，再发送到计算机系统中，从而对计算机系统进行攻击，致使系统产生漏洞，破坏系统的正常功能，利用漏洞非法访问系统信息。

计算机数据库设计语言主要是结构化查询语言，当没有对系统的结构化查询语言进行严格管控时，容易造成系统漏洞，最终导致计算机系统信息泄露。

2. 暴力破解

密码为计算机信息增加了一层保障，然而，密码常常面临暴力破解的威胁，密码的位数是有限的，若将密码符号进行多个组合后一一尝试，能够尝试出正确密码，这就是暴力破解，也被称为"密码穷举"。暴力破解过程中使用的符号组合被称为"密码字典"，通过符号组合可以破解所有密码。当然，密码的位数越多、设置难度越大，组合破解的时间也会越长，如使用暴力破解无线网络密码等复杂密码，需要花费大量时间。

3. 木马植入

木马植入也是常见的破坏计算机信息安全的方式，通过在用户的信息系统中植入木马病毒，窃取用户的隐私信息，如账号密码等，甚至可以控制操作用户的信息系统。将木马病毒植入用户系统的方式有很多，如将木马病毒植入到恶意网站、网络链接，甚至是视频或图片中，用户在上网时，如果操作不慎，就会使系统被植入木马病毒，进而导致信息泄露，让用户防不胜防。木马病毒不仅形式多样，具有极强的隐藏能力，且盗取信息的手段也十分强大，可以窃取植入系统上的键盘录入信息和截图信息，再将信息发送到黑客手中，黑客即可通过获得的信息，登录被植入者的账号，牟取不当利益。

4. 病毒/恶意程序

当前，随着互联网技术的发展，计算机使用范围不断扩大，不断有新的病毒出现，对计算机信息安全造成极大威胁。不同于通过木马植入盗取用户信息，计算机病毒的主要目的是破坏用户的信息，如清除用户系统中的数据等，或者直接破坏计算机系统。病毒程序与恶意程序并不相同，恶意程序虽然会破坏用户的计算机系统，但是破坏力有限，而病毒程序除了破坏计算机系统，还会进行自我复制并传播，扩大破坏范围，具有更强大的破坏力。

5. 系统扫描威胁

系统扫描的威胁与其他直接威胁不同，扫描并不会当即破坏信息安全，而是为后续对系统的攻击做准备。在攻击系统前，先对系统进行扫描，确定系统内部特点，找出其中存在的弱点或漏洞，再根据扫描结果，有针对性地对系统发起攻击，使攻击花费的时间更短、效果更快。系统维护者也可以利用系统扫描的特点，开展信息安全保护工作，通过系统扫描发现系统漏洞，及时优化系统，从而增强系统的防护能力。

三、计算机信息安全管理分析

（一）计算机信息安全的人员管理

1. 外来人员的管理

计算机机房作为信息系统的重要场所，工作人员一定要对其进行严加管理，确保信息系统的安全性。针对外来人员的管理，主要采取四项措施：①外来人员需要签发临时证件，通过核实身份和目的，才可以进入机房；②外来人员不能将危险品带入机房；③外来人员需要做好相关记录，主要记录的信息包括姓名、性别、单位、电话号码和出入时间等；④外来人员不可以在机房内进行拍照或录像，如有必要需求，应经由相关部门领导批准。

2. 工作人员的管理

有关计算机犯罪问题，基本上由内部工作人员造成。因此，针对内部工作人员的管理，需要采取相应措施，具体内容如下：

（1）因工作人员的实际工作需要不同，区域管理权限也各不相同，因此，机房管理需要采取分区管理制度。

（2）将身份标准物作为工作人员进出机房的识别信息，并且对跨区域访问者及时做好进出记录。

（3）禁止工作人员携带危险品进入机房，保卫人员要及时检查工作人员是否携带危险品。

（4）禁止工作人员将身份标志物借给他人，若出现丢失情况，需要及时上报并补办。此外，在未经允许的情况下，工作人员不得带领外来人员进入机房。

（5）禁止工作人员私自改动或移动机房内的设备，确保各设备正常运行。

（6）禁止工作人员在机房内使用其他设备，如照相机、录音笔等。若必须使用，应经由相关领导批准。

（7）无论是对重要信息的管理，还是对关键设备的管理，都需要采取双人工作制，记录人员进出机房和设备操作，并上报至有关部门。

（8）定期检查工作人员的权限，在基于工作需要的情况下，如有工作人员变更权限，需要及时进行更新。

3. 保卫人员的管理

计算机机房的重要区域以及其他安全区域都要安排保卫人员，目的是保证信息系统的安全性。保卫人员需要遵循四个规则：①及时检查工作人员是否携带危险物品进入机房，并做好记录和报告；②定期检查安全区的入口点，确保安全之后才可以离开；③定期检查各设备是否存在安全隐患，并进行维护，确保各设备能够正常运行；④及时检查其他严格限制区域是否安全，针对可疑人员的行为表现进行记录和报告。

（二）计算机信息安全的风险管理

计算机信息技术的应用有效促进了人与人之间的交流，提高了企业生产经营效率，在人们的工作、生活、学习等方面产生了诸多积极的影响，对促进世界发展、推动全球化进程也发挥着巨大的作用。伴随着信息技术的不断成熟，计算机信息网络的普及对国家、个体的影响越来越大。同时，个人、社会对于网络的依赖程度不断提高，在此情况下，如果信息网络不够强大、运行不够稳定，将给个人、社会带来极大的安全威胁。计算机信息安全关系着国家安全与社会的稳定，因此，必须从风险管理的角度对计算机信息安全进行深入研究与实践探索，对信息安全风险发生的概率、影响进行系统研究，并形成科学有效、能够应用于实际的信息安全风险防范体系，尽最大程度降低信息安全事件带来的负面影响，促进国家、社会持续稳定健康发展。

1. 计算机信息安全风险管理的初期发展

计算机信息安全风险管理以风险管理理论为基础发展而来。20世纪六七十年代，风险管理理论在西方国家开始萌芽，目的是为了维护经济与市场安全，在一定程度上对维护国家安全也具有积极影响。该理论日趋成熟，适用范围越来越广，应用于各行各业，同时也对计算机信息安全领域的风险管理奠定了理论基础，有效推动了该领域风险管理的发展。

20世纪60年代，伴随计算机网络在多个领域的应用，计算机资源共享相关的问题日渐显现，同时信息安全方面的问题日益凸显。在此情况下，美国相继采取了一系列措施规范信息安全管理。国防科学委员会联合国内知名企业、机构，例如兰德公司以及迈特公司等，开展网络安全问题研究，经过数年的深入研究与探索，1970年出具了有关研究报告。以此研究成果为基础，结合风险管理理论，美国制定了信息安全相关标准。

20世纪80年代，《可信网络之解释》（TIVI）[①]等一系列计算机信息安全标准出台，这些标准均由美国国防部组织制定。除此之外，又出台了多个标

---

① 可信网络架构不是一个具体的安全产品或一套针对性的安全解决体系，而是一个有机的网络安全全方位的架构体系化解决方案，强调实现各厂商的安全产品横向关联和纵向管理。因此在实施可信网络过程中，必将涉及多个安全厂商的不同安全产品与体系。这需得到国家政府和各安全厂商的支持与协作。

准，即多国通用的"彩虹系列"①，这一系列标准的出台，为世界范围内的计算机信息安全保障提供了指南，同时，也为信息安全风险管理提供了理论基础与实践指导。

2. 计算机信息安全风险管理的渐趋成熟

美国出台"彩虹系列"等诸多标准之后，计算机的普及程度越来越高，计算机技术应用越来越贴近人们的工作、生活，完善计算机信息安全风险管理显得更加迫切，同时也为风险管理持续发展提供了条件。在这种情况下，信息安全风险管理方面的组织以及论坛持续涌现，美国的信息安全风险管理不断成熟，相关理论应运而生。美国国防部高度重视风险管理理论，认为其为国家信息安全奠定了坚实的理论基础，同时，为了分析评估安全漏洞，做好安全漏洞防护工作，组织制定了相关的评估分析标准，并从战略的高度，不断完善本国的安全风险管理相关理论，提出了著名的"PDR模型"②。1993年，欧洲与美洲国家共同研究风险管理理论，完成了横跨大洋以及大洲的风险管理体系，也就是后来的CC标准③。

伴随这种管理体系的国际化进程不断加快，相关理论以及标准持续完善优化，逐渐呈现出系统化、大众化的趋势，并且更加注重与实践相结合，逐步体现出通俗化及时效性的特点，有力推动了理论的个性化应用。伴随CCC等一系列标准的出台，越来越多的网络公司获得了BS7799标准④认证。

3. 计算机信息安全风险管理的发展趋势

20世纪90年代，计算机在我国的普及率越来越高，与此同时，我国开始重视计算机信息安全风险管理相关理论以及研究成果的引进，重视信息安全风险管理理论的实践应用以及创新，信息安全风险管理越来越受到关注。

---

① 美国国防部曾经设立标准化的安全级别，将安全分成七个级别，由低到高分别是D、C1、C2、B1、B2、B3、A1。很多文献中普及这一标准，每个标准使用不同颜色，人们常常将这个标准叫作彩虹系列。在这一系列中，最主要的是桔皮书，它定义了这一系列标准。

② PDR模型是由美国国际互联网安全系统公司（ISS）提出，它是最早体现主动防御思想的一种网络安全模型。

③ CC标准是信息技术安全性评估标准，用来评估信息系统、信息产品的安全性。

④ BS7799标准于1993年由英国贸易工业部立项，于1995年英国首次出版BS 7799-1：1995《信息安全管理实施细则》，它提供了一套综合的、由信息安全最佳惯例组成的实施规则，其目的是作为确定工商业信息系统在大多数情况所需控制范围的参考基准，并且适用于大、中、小组织。

在此背景下，相关机构开始对信息安全风险管理开展深入研究，经过不懈努力，取得了诸多重要成果，同时，社会各界也开始意识到信息安全风险管理的重要性，企业、科研院所以及高校也将信息安全风险管理与其生产经营实际或科研课题等相融合，极大程度上提高了该领域的风险管控能力。

第二章 计算机网络信息安全技术

第一节　密码学与密码技术

一、计算机密码学

"计算机网络通信技术的发展和信息时代的到来，给密码学提供了前所未有的发展机遇。"[1]密码学是研究如何把信息转换成一种隐秘的方式，阻止非授权的人得到或利用它。早期密码学的研究体现了数字化人文的思想，这是一种脑力工作结合手工工作的方式，也反映了人文学科和自然科学的异同，密码学理论上的发展为它的应用奠定了基础。

随着计算机技术的发展和网络技术的普及，密码学在军事、商业和其他领域的应用越来越广泛。对系统中的消息而言，密码技术主要在以下方面保证其安全性：

第一，保密性。信息不能被未经授权的人阅读，主要的手段就是加密和解密。

第二，数据的完整性。在信息的传输过程中确认未被篡改，如散列函数就可用来检测数据是否被修改过。

第三，不可否认性。防止发送方和接收方否认曾发送或接收过某条消息，这在商业应用中尤其重要。

二、计算机密码学技术分类

信息是以文字、图像、声音等作为载体而传播的。人们把负载着信息的载体通过录入、扫描或采样变成了电信号，然后可以被量化成为数字信号。例如，一张照片用扫描仪可以输入到计算机里，在计算机屏幕上看到的是图

---

[1] 杨伟. 计算机密码学的发展状况 [J]. 科技信息，2011（5）：502+509.

像，而在内存里，这幅图像是一串由0和1组成的数字。

在当前的状况下，可以呈现信息的数字信号叫作明文。例如一幅图像的数字信号是能够用图像软件直接显示在屏幕上的，因此它是明文。如果现在想用电子邮件把这幅图像发送给在远方的朋友，但是又不希望任何第三个人看到它，那么可以把图像的明文加密，也就是用某种算法把明文的一串数字变成另外一种形式的数字串，叫作密文。在得到图像的密文之后，需要用相关的算法重新把密文恢复成明文，这个过程叫作脱密。当然，某个截获了密文却看不到图像的人，想要破解密文，叫作解密。不过人们经常把脱密也叫解密，而不加以区别。

按不同的标准密码技术有很多种分类，如下：

第一，按照执行的操作方式不同，可以分为替换密码和换位密码。

第二，从密钥的特点角度可以将其分为对称密码和非对称密码；如果使用相同的加密密钥和解密密钥，那么很容易从一个推导出另一个，这叫作单钥密码和对称密码体制。如果是不同的加密密钥和解密密钥，则二者之间没有关联，无法推导，这叫作双钥密码或公钥密码体制。其中加密密钥也叫公钥，因为可以对外公开；解密密钥则不能对外公开，所以也叫私钥。

第三，按照对明文消息的加密方式不同，又有两种方式：一是对明文消息按字符逐位地加密，称为流密码或序列密码；另一种是将明文消息分组（含有多个字符），逐组地进行加密，称为分组密码。

通常情况下，网络中的加密采用对称密码和非对称密码体制结合的混合加密体制，也就是加密和解密采用对称密码体制，密钥的传送采用非对称密码体制。这种方法的优点是既简化了密钥管理，又改善了加密和解密速度慢的问题。

三、计算机密码体制

（一）对称密钥

对称密码体制有很多不同的叫法，如单密钥体制、共享密码算法等，它使用相同的加密密钥和解密密钥，从一个可以推导出另一个。对称密钥体制和密钥的关系就相当于保险柜和密码的关系。知道密码就可以打开保险柜，而如果没有，则只能寻找其他方法打开保险柜。使用对称密钥体质的用户在发送数据时必须与数据接收者交换密钥，而且要通过正规的安全渠道，不能泄露，这样数据发送者和接收者使用的密钥才是有效的。对称密钥体制具有效率高、速度快的优点，当需要加密大量数据或实时数据时，对称密钥体制是最佳选择。图2-1是对称密钥加密的模型。

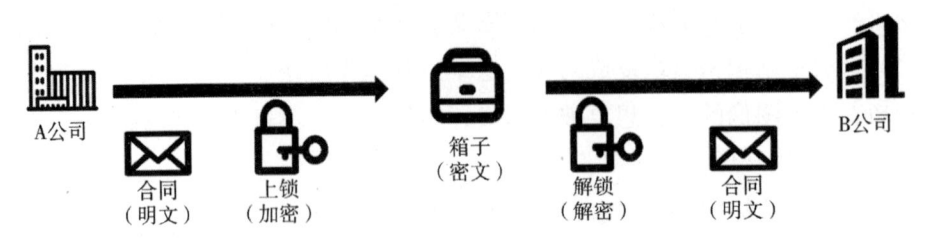

图2-1 对称密钥加密的原理模型

1. 联邦数据加密（DES）算法

DES算法，它使用56位密钥对64位的数据块进行加密，并对64位的数据进行16轮编码，在每轮编码时都采用不同的子密钥，子密钥长度均为48位，由56位的完整密钥得出，最终得到64位的密文。由于DES算法密钥较短，可以通过密码穷举（也称为野蛮攻击）的方法在较短时间内破解。

2. 三重（DES）算法

三重DES方法是使用两把密钥对报文作三次DES加密，效果相当于将DES密钥长度加倍了，克服了DES密钥长度较短的缺点。

3. 欧洲加密算法（IDEA）

IDEA密钥长度为128位，数据块长度为64位，IDEA算法也是一种数据块加密算法，它设计了一系列的加密轮次，每轮加密都使用从完整的加密密钥生成一个子密钥。IDEA属于强加密算法，暂时还没有出现对IDEA进行有效攻击的算法。

4. 高级加密标准（AES）

AES支持128位、192位和256位三种密钥长度。AES规定：数据块长度必须是128位，密钥长度必须是128位、192位或256位。与DES一样，它也使用替换和换位操作，并且也使用多轮迭代的策略，具体的迭代轮数取决于密钥的长度和块的长度，该算法的设计提高了安全性，也提高了速度。

5. RC 序列算法

RC 序列算法有6个版本，其中RC1从未被公开，RC3在设计过程中便被破解，因此真正得到实际应用的只有RC2、RC4、RC5、RC6，其中最常用的是RC4。RC4算法是另一种变长密钥的流加密算法。密钥长度介于1~2048位，但由于美国出口限制，故向外出口时密钥长度一般为40位。RC4算法其实非常简单，就是256以内的加法、置换、异或运算，由于简单，所以速度快，加密的速度可达到DES算法的10倍。

（二）公钥密码

传统的对称加密系统要求通信双方共同保守一个密钥的秘密，这在网络化的电子商务中将会遇到很大的困难。解决在网络上安全传递密钥的途径是对密钥进行加密。对密钥进行加密的方法不能总是在传统加密体制内进行。古典的加密方法要求对加密的算法本身严加保护。传统的加密方法把加密算法公之于世，而只要求对密钥加以保护，使用传统的方法，加密和解密用的是同一个密钥或者是很容易互相导出的密钥；更多情况下，加密使用的是一个密钥，解密使用的是另一个密钥，只有解密的人才知晓。

公钥密码体制又称非对称加密体制，即创建两个密钥，一个作为公钥，另外一个作为私钥由密钥拥有人保管，公钥和加密算法可以公开。用公钥加密的数据只有私钥才能解开，同样，用私钥加密的数据也只能用公钥才能解开。从其中一个密钥不能导出另外一个密钥，使用选择明文攻击不能破解出加密密钥。非对称密钥加密通信原理如图2-2所示。

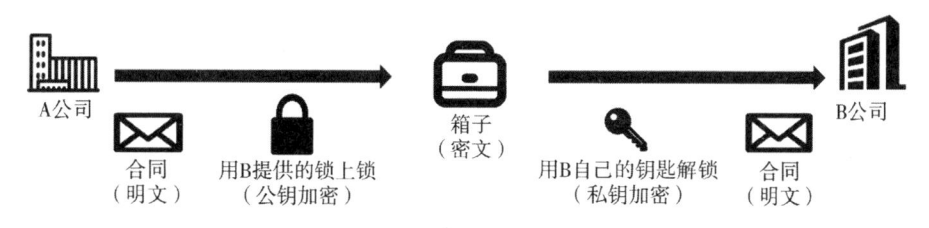

图2-2 非对称密钥加密通信原理

与对称密码体制相比，公钥密码体制有以下优点：

第一，密钥分发方便。可以用公开方式分配加密密钥。例如，因特网中的个人安全通信常将自己的公钥公布在网页中，方便其他人用它进行安全加密。

第二，密钥保管量少。网络中的数据发送方可以共享一个公开加密密钥，从而减少密钥数量，只要接收方的解密密钥保密，数据的安全性就能实现。

第三，支持数字签名。发送方可使用自己的私钥加密数据，接收方能用发送方的公钥解密，说明数据确实是发送方发送的。由于非对称加密算法处理大量数据的耗时较长，一般不适于大文件的加密，更不适于实时的数据流加密。

四、计算机密钥管理

对密钥从产生到销毁的整个过程中出现的一系列问题进行管理就是密钥管理，主要包括初始化系统、密钥的产生、存储、恢复、分配、更新、控制、销毁等。密钥管理是十分关键的信息安全技术，主要用于以下情况：

第一，适用于封闭网的技术，以传统的密钥分发中心为代表的密钥管理基础结构（KMI）机制。KMI技术假定有一个密钥分发中心来负责发放密钥。这种结构经历了从静态分发到动态分发的发展历程，目前仍然是密钥管理的主要手段，无论是静态分发还是动态分发，都是基于秘密的物理通道进行的。

第二，适用于开放网的公钥基础结构（PKI）机制。PKI技术是运用公钥的概念和技术来提供安全服务的、普遍适用的网络安全基础设施，包括由PKI策略、软硬件系统、认证中心、注册机构、证书签发系统和PKI应用等构成的安全体系。

第三，适用于规模化专用网的种子化公钥（SPK）和种子化双钥（SDK）技术。公钥和双钥的算法体制相同，在公钥体制中，密钥的一方要保密，而另一方则公布；在双钥体制中则将两个密钥都作为秘密变量。在PKI体制中，只能用公钥，不能用密钥。在SPK体制中两者都可以实现。

（一）对称密钥的分配

对称加密是指加密的双方使用相同的密钥，而且不能让第三方知道。定期改变密钥是十分必要的，这样可以防止密钥泄露，保护数据安全。此外，密钥分发技术在很大程度上决定了系统的强度。当双方交换数据时，需要使用密钥分发技术传递密钥，且密钥的方法是对外保密的。密钥分发能用很多种方法实现，对 A 和 B 两方来说，有下列选择：

第一，A 能够选定密钥，并通过物理方法传递给 B。

第二，第三方可以选定密钥，并通过物理方法分别传递给 A 和 B。

第三，如果 A 和 B 不久之前使用过同一个密钥，一方能够把使用旧密钥加密的新密钥传递给另一方。

第四，如果 A 和 B 各自有一个到达第三方 C 的加密链路，C 能够在加密链路上传递密钥给 A 和 B。

第一种和第二种选择要求手动传递密钥。对于链路层加密，这是合理的要求，因为每一个链路层加密设备只与此链路另一端交换数据。但是，对于端对端加密，手动传递是相对较困难的。在分布式系统中任何给出的主机或者终端都可能需要不断地和许多其他主机及终端交换数据，因此，每个设备都需要供应大量的动态密钥，在大范围的分布式系统中这个问题就更加困难。

第三种选择，对链路层加密和端对端加密都是可能的，但是如果攻击者成功地获得一个密钥，那么很可能所有密钥都暴露了。即使频繁更改链路层加密密钥这些更改也应该手动完成。为端到端加密提供密钥，第四种选择更可取。

对第四种选择，需用到这两种类型的密钥：①会话密钥。当两个端系统希望通信，它们建立一条逻辑连接。在逻辑连接持续过程中，所用用户数据都使用一个一次性的会话密钥加密；在会话或连接结束时，会话密钥被销毁。②永久密钥。永久密钥在实体之间用于分发会话密钥的目的。第四种选择需要一个密钥分发中心。密钥分发中心判断哪些系统允许相互通信。当两个系统被允许建立连接时，密钥分发中心就为这条连接提供一个一次性会话密钥。

（二）公钥加密分配

公钥加密也就是公开公钥。如果某种公钥算法十分普及，被广泛接受，那么参与的用户就可以向任何人发送密钥，也可以直接对外公开自己的密钥。这是一种十分简便的方法，但也存在问题：因为公共通告可能会被伪造，换句话说，某个用户可以假借其他用户的身份将公钥发送给其他用户或直接公开。当被假冒的用户发现公共通告是伪造的，就会对其他用户发出警告，而此前伪造者可以读取被伪造者的加密信息，然后使用假的公钥进行认证，想要解决这个问题，则需要使用公钥证书。

实际上，公钥证书由公钥、公钥所有者的用户地址以及可信的第三方签名的整个数据块组成。通常，第三方就是用户团体所信任的认证中心，用户可通过安全渠道把公钥提交给这个认证中心，并获取证书。然后用户就可以发布这个证书，任何需要该用户公钥的人都可以获取这个证书，并且通过所附的可信签名验证其有效性。

第二节 身份认证与访问控制

一、计算机身份认证

（一）报文认证

一般将报文认证分为三个部分：

1. 报文源的认证

报文源（发送方）的认证用于确认报文发送者的身份，可以采用多种方法实现，一般都以密码学为基础。例如，可以通过附加在报文中的加密密文来实现报文源的认证，这些加密密文是通信双方事先约定好的各自使用的通行字的加密数据，或者发送方利用自己的私钥加密报文，然后将密文发送给接收方，接收方利用发送方的公钥进行解密来鉴别发送方的身份。

2. 报文内容的认证

报文内容的认证目的是保证通信内容没有被篡改，即保证数据的完整性，通过认证码实现，这个认证码是通过对报文进行的某种运算得到的，也可以称其为校验码，它与报文内容密切相关，报文内容正确与否可以通过这个认证码来确定。

认证的一般过程为：发送方计算出报文的认证码，并将其作为报文内容的一部分与报文一起传送至接收方。接收方在校验时，利用约定的算法对报文进行计算，得到一个认证码，并与收到的发送方计算的认证码进行比较，如果相等，就认为该报文内容是正确的；否则，就认为该报文在传送过程中已被改动过，接收方可以拒绝接收或报警。

3. 报文时间性的认证

报文时间性认证的目的是验证报文时间和顺序的正确性，需要确保收到的报文和发送时的报文顺序一致，并且收到的报文不是重复的报文，可通过这三种方法实现：①利用时间戳；②对报文进行编号；③使用预先给定的一次性通行字表，即每个报文使用一个预先确定且有序的通行字标识符来标识其顺序。

（二）身份认证协议

身份认证是保证通信安全的前提，通信双方必须要通过身份验证才能使用加密手段进行安全通信，身份认证也用于授权访问和审计记录，所以它在网络信息安全中至关重要。身份认证协议有助于解决开放环境中的信息安全问题。

通信双方实现消息认证方法时，必须有某种约定或规则，这种约定的规范形式叫作协议。身份认证分为单向认证和双向认证。如果通信的双方需要一方被另一方鉴别身份，这样的认证过程就是一种单向认证；如果通信的双方需要互相认证对方的身份，即为双向认证。认证协议相应地可以分为单向认证协议和双向认证协议。

1. 单向认证协议

当不需要收、发双方同时在线联系时，只需要单向认证，如电子邮件的一方在向对方证明自己身份的同时，即可发送数据；另一方收到后，要先验证发送方的身份，如果身份有效，就可以接收数据。

2. 双向认证协议

双向认证协议是最常用的协议，它使得通信双方互相认证对方的身份，适用于通信双方同时在线的情况，即通信双方彼此不信任时，需要进行双向认证。双向认证需要解决保密性和即时性的问题，为防止可能的攻击，需要保证通信的即时性。

二、计算机访问控制

随着信息时代的推进，信息系统安全问题逐渐凸显。计算机网络运行中，不仅要考虑抵御外界攻击，还要注重系统内部防范，防止涉密信息的泄露。作为防止信息系统内部遭到威胁的技术手段之一，利用访问控制技术可以避免非法用户侵入，防止外界对系统内部资源的恶意访问和使用，保障共享信息的安全。

（一）计算机访问控制技术的要素

在访问控制系统中一般包括以下三个要素：

第一，主体。发出访问操作的主动方，一般指用户或发出访问请求的智能体，如程序、进程、服务等。

第二，客体。接受访问的对象，包括所有受访问控制机制保护的系统资源，如操作系统中的内存、文件，数据库中的记录，网络中的页面或服务等。

第三，访问控制策略。主体对客体访问能力和操作行为的约束条件，定义了主体对客体实施的具体行为以及客体对主体的约束条件。

（二）计算机访问控制技术的分类

1. 自主访问控制

自主访问控制（DAC）的主要特征体现在允许主体对访问控制施加特定限制，也就是可将权限授予或收回于其他主体，其基础模型是访问控制矩阵模型，访问控制的粒度是单个用户。目前应用较多的是基于列客体的访问控制列表（AGL），AGL优点在于简单直观，不过在遇到规模相对较大、需求较为复杂的网络任务时，管理员工作量增长较为明显，风险也会随之扩大。

2. 强制访问控制

强制访问控制（MAC）中的主体被系统强制服从于事先制订的访问控制策略，并将所有信息定位保密级别，每个用户获得相应签证，通过梯度安全标签实现单向信息流通模式。MAC安全体系中，可以将通过授权进行访问控制的技术应用于数据库信息管理，或者网络操作系统的信息管理。

3. 基于角色的访问控制

基于角色的访问控制（RBAC）是指在应用环境中，通过对合法的访问者进行角色认证，来确定其访问权限，简化了授权管理过程。RBAC的基本思想是在用户和访问权限之间引入了角色的概念，使其产生关联，利用角色的稳定性，对用户与权限关系的易变性做出补偿，并可以涵盖在一个组织内执行某个事务所需权限的集合，可根据事务变化实现角色权限的增删。

4. 基于任务的访问控制

基于任务的访问控制（TBAC）是一种新型的访问控制和授权管理模式，较为适合多点访问控制的分布式计算、信息处理活动以及决策制定系统。TBAC从基于任务的角度来实现访问控制，能有效地解决提前授权问题，并将动态授权给用户、角色和任务，保证最小特权权责。

第三节　数据库与数据安全技术

一、计算机数据的备份与恢复

（一）计算机数据的备份

用户在使用计算机时，会出现不可预见的原因，导致数据损坏，所以计算机数据备份功能不可或缺。通过数据备份，可以集中留存数据，相当于创建了一个完整的数据副本，一旦原始数据出现问题，利用数据副本可以还原或是修复原始数据。

1. 计算机数据备份的类别

（1）系统数据备份。数据系统由五个连续的操作环节组成，即收集数据、存储数据、更新数据、流通数据和挖掘数据。由于计算机系统是一个极其复杂的组织结构，为了让计算机的各个功能正常运行，需要通过五个环节进行分工、有效的数据处理工作，以充分发挥各类数据的作用。系统数据备份主要是对计算机安装的操作系统、软件的驱动程序、防火墙，以及用户常用的软件应用等进行数据存储。

（2）网络数据备份。随着计算机的大范围普及和广泛应用，越来越多的企业对计算机的依赖不断加深，使数据安全显得愈发重要，尤其对互联网公司，上亿用户的数据资料一旦丢失或损坏，将带来无法挽回的损失。因此，如何让自身网络数据备份系统更加严密、先进，是企业管理首先要解决的问题。一方面，企业需要进一步在数据保障、处理系统故障和数据恢复等领域加强研究，提升技术的安全性、稳定性、高效性；另一方面，重视制度化运行和管理数据系统的落实，只有将系统制度化，才能让系统运行的各个环节和各部分有序地工作，在出现突发事件、数据故障等危急时刻，能够快速解决并实施。网络数据备份的方式有：

第一，直接连接存储。这是一种直接将存储设备与数据系统的服务器相连接的数据备份存储方式，为了能够更好地进行数据传输，存储设备与数据服务器之间被设置了一种固定的数据传输方式，但是这种传输方式存在一定的技术局限，即由于不同服务器的型号和配件设置存在差异，以及在传输接口上的限制，并不是所有的存储设备接口和数据服务器接口都能匹配，有的对于文件的类型、运行方式都有较高要求。

第二，网络附加存储。通过拥有专业存储能力的数据备份设备，将网络传输端口与数据服务器相连接进行数据拷贝的存储方式。这种存储方式需要在千兆以太网的网络环境下进行，如果不能够提供高效、高速、高性能的网络环境，网络附加存储很难流畅正常地运行。另外，这种存储方式要以网络协议作为数据传输的凭证和纽带，不同地区、不同平台之间的数据存储应使用单独的网络协议进行文件共享，但是，数据安全隐患也会随之产生，由于众多数据资料是通过庞大的网络系统进行传输，如果没有建立起严密的保护、监督和预警系统，极易被非法入侵攻击，窃取数据或者损坏数据。因此，数据安全保障的问题同样需要得到重视。

第三，基于IP的远程网络存储。远程网络存储可以独立于数据服务器而存在，是拥有强大信息存储能力的一种网络形式。远程存储的方式，主要是利用光纤通道（FC）将其中作为主存储空间的远程网络存储与另一个作为次要存储空间的远程网络存储连接起来。次要存储空间存在的意义在于当数据出现安全威胁时，可以通过FC协议将系统数据从主存储空间复制过来，从而维持系统的正常运行。

（3）用户数据备份。由于计算机的功能和软件应用不断被丰富，用户使用的数据随着时间增长不断增加，为了进一步保护数据，并能够在固定存储位置集中处理数据，用户一般会将重要的文件数据在计算机的固定存储空间中进行管理，不仅有效提升了工作效率，更重要的是避免系统运行故障导致数据破坏和丢失。

2. 计算机数据的备份策略

（1）完全备份策略。完全备份是一种相对保险、数据相对完整的备份策略，采取这一方式的目的在于将计算机中的所有数据资料存储在一起，这种策略的优势在于能够保证所有丢失或者损坏的数据都能够被恢复，但是缺点也非常明显，就是数据在进行备份的过程中，一些不重要的数据或垃圾数据也会占用备份的时间和存储空间，从而使最终的数据备份文件内存较高。如果用户更新使用设备时，为了方便以后的使用，完全备份策略是最佳选择。

（2）增量备份策略。增量备份是一种定时、定期更新备份数据的方式，主要指已经将计算机内的数据全部备份之后，在使用过程中，在每一个备份时间点都只备份自上次备份以后出现的数据。这一备份方式的特点在于，用户可以自由选择备份数据的时间节点。

（3）差分备份策略。差分备份指每次在备份数据时是上一次完全备份数据所增加或是重新修改过的数据。备份流程为用户在整点时完全备份完数据之后，经过一段时间，用户再将当前时间点内与上次完全备份数据存在差异的数据（更新或改动的数据）进行备份。

由此可以看出，差分备份策略相比于上述两种备份方式，不仅备份的时间效率更快，数据恢复的操作步骤也相对简单，管理员只需要两个磁盘就能将数据找回和恢复。同时也存在缺点，即在对每次备份的大量数据中提取差分数据时，可能出现多次重复提取同一数据内容的情况。

在具体的实际应用中，用户一般会根据备份数据的使用特点，将以上三种数据备份策略结合使用，从而发挥每种备份方式的最大优势。

（二）计算机数据的恢复

计算机恢复技术指将受到破坏或丢失的数据恢复到原始位置和文件形

式。当前，导致数据损坏和丢失的因素有很多，只有将导致问题的根本性原因分析清楚，才能采取精准的解决方案。此外，计算机系统内的数据可以划分为系统数据和用户数据，大多数计算机系统种类较为单一，具有一定的通用性，数据恢复相对简单，而用户数据包括的内容种类丰富，存储容量相对较大，所以用户数据的恢复更为重要，难度也相对较高。

根据具体的操作情境，计算机系统数据遭到破坏和丢失的原因主要有以下三个：

1. 病毒入侵

随着互联网技术的发展，病毒入侵的方式也在不断变化，目前较为常见的是在用户浏览网络页面时，经常会弹出跳转链接，一旦用户不小心点击链接，很可能就会让电脑瞬间被病毒软件入侵，导致系统瘫痪、数据损坏或丢失等问题。因此，用户在使用计算机网络时，应避免下载和安装不熟悉的软件，不随意点击不明网络链接。

2. 计算机硬件设备损坏

计算机的存储硬件一般安装在主机上，当遭到物理冲击，或是电路、电压问题导致的零件损坏情况时，数据损坏是不可逆的，如果没有提前进行数据备份，数据被恢复的可能性极低。

3. 用户个体的操作失误

用户在使用计算机时可能会在各种主观和客观因素影响下导致错误操作，如误删文件、误点不明链接、电源中断等操作，均会导致数据的丢失或损坏。因此，为了避免这种情况的出现，用户需要养成定期备份数据的习惯。

二、计算机数据的完整性分析

对于数据库来说，计算机数据库的完整性非常重要，在平时有关数据操作的过程中，不可避免地会产生数据输入或输出的错误，从而破坏数据或者数据不一致，如何进行数据完整性保护，找到相应保护措施是十分必要的。

随着科学技术的发展，人们找到了解决数据不完整性的办法，就是容错技术，它的工作原理是给数据库提供正常系统，通过对硬件或者软件的冗余达到减少故障的目的，进而使得数据库系统可以自行恢复或者停机。容错技术是以牺牲软件或者硬件为代价，换取系统的可靠性。容错技术具体实现方法如下：

（一）具备一个空闲的备件

容错技术实现的一个前提是系统配置的时候要有一个空闲状态的备件，空闲部件可以取代出现故障的原部件所有功能。例如：一个系统上安装有两个打印机，其中一个是常用的，另一个不常用，当常用的打印机出现故障才启用另外一个打印机，不常用的打印机就是一个空闲备件。空闲备件顶替出故障的原备件继续工作，但它与原部件又不相同。

（二）具备负载平衡的条件

容错技术在进行的时候，不能将所有的负载都集中在一个处理器中，要分摊到多个处理器中，最终达到负载平衡状态。通常情况下，负载平衡采取的是两个部件同时承担一项任务，当其中一个部件出现故障，另一个部件也可以继续工作。在双电源的服务器中这种做法常见，以防突发电源故障导致系统损坏。

对称多处理的负载平衡多用于网络系统中，对称多处理指的是系统中每一个处理器都有能力去处理任何一项工作，即系统在不同处理器的系统之间保持着负载平衡。所以，对称多处理可以提供容错的能力。

（三）需要掌握镜像技术

系统容错中常见的方法就是镜像技术，在镜像技术作用下，相同的任务由两个等同的系统去完成，其中任意一个系统出现故障，不会影响另一个系统继续正常工作。这种技术多用于磁盘子系统中，两个磁盘控制器可在同样型号磁盘的相同扇区内写入相同内容。镜像技术对系统和任务有共同的要求：两个系统相同、完成任务相同。

三、计算机数据库的安全特性与保护

（一）计算机数据库的安全特性

1. 数据独立性

要明确数据独立性，必须区分以下五个概念。

（1）模式。模式也叫逻辑模式，它致力于将所有的公共数据都囊括在内，并对数据库中所有数据的特征和内部结构进行描述。但模式并不是数据库的一部分，只是用于描述结构，作为框架来装配数据。

（2）外模式。用户和子模式都属于数据视图，可以直接呈现给用户，与其他应用相关的数据逻辑也可以体现出来。外模式是一种数据视图，通常是模式的子集，为所有用户提供服务。

（3）内模式。内模式从内部较低层次开始表现全部数据库，并定义数据的物理结构和存储方式。

（4）外模式/模式映像。同一个模式可以有多个外模式与之相对应，外模式/模式映像可以定义外模式中的外模式和模式之间的关系，当需要转变模式时，外模式/模式映像也需要做出改变，以保持原来的外模式。

（5）模式/内模式映像。模式/内模式映像主要用于说明字段和逻辑记录在内部的表现形式，并定义存储结构、数据流、结构之间的关系。当数据库存储结构发生改变时，模式/内模式映像也可以做出调整，从而使整体模式保持稳定。

从本质上看，数据独立性的两个主体是程序与数据，分为两个方面，分别是逻辑和物理独立性。内模式转变时，为了使整体模式不变，可以调整模式/内模式映像。对于整体模式来说，外模式是一个子集，也不会发生独立的转变。另外，外模式是应用程序编程的主要依据，在外模式没有转变时，不需要改变应用程序，如果转变模式，为了使外模式保持基本平稳，可以调整外模式/模式映像。外模式是应用程序编程的依据，在应用程序使外模式保持不变时，也可以保持不变。

2. 数据完整性

数据传输过程是数据库完整性的重点所在，能够对数据完整性起到一定的保证作用，避免输入和输出的过程中出现错误信息，数据库完整性从整体上可以概括为数据库的一致性、正确性和有效性。

3. 数据结构化

（1）数据库系统对象并不是一个应用，而是应用系统的整体，对数据描述和看待，都是从整体观点上出发。

（2）各部门不仅拥有共享的数据，还拥有私有数据。在数据库中，数据线和记录等要素之间存在一定结构,都是互相联系的。所以,如果数据库应用出现新的需求或更高需求,可以对子集进行不同的选取与组合,选择范围更加广泛,系统会更有弹性,然而,这一点很难被文件系统做到。

4. 并发控制

数据库多用户数据共享功能已经全部实现,许多用户能够在同一时间内对数据事件进行存取。为了保证在共享过程中数据的安全性,防止出现错误、不一致和修改等现象,可以进行并发控制操作,这一操作能够在一定程度上确保数据的正确性。

5. 故障恢复

数据库能够对计算机的电子数据进行保管,数据会在数据库受到破坏时产生损坏,数据库管理系统为了使数据库的安全性得到保障,自身会提供一套方法发现故障并进行修改。

(二)计算机数据库的安全保护

1. 计算机数据库的安全保护层次

(1)数据的网络系统层次安全。目前,在数据库安全中,网络系统层次安全是重要的一部分,纵观整个大环境,保证网络系统的安全是保持数据库安全性的前提,是因为网络系统是出现外部入侵时第一个被入侵的层次。要使数据库的环境足够安全,需要使网络系统能够有能力对外界的攻击进行抵御,只有这样,数据库系统的作用才能被发挥出来。对于数据库安全,网络系统安全是第一道屏障,能够排除绝大多数的危险因素,保证数据库的安全性、完整性和保密性。所以,对于数据库来说,有必要保证网络系统层次的安全。

(2)数据的操作系统层次安全。由于非法破坏和攻击很容易涉及到数据库的系统运行过程,对于数据库系统来说,操作系统是第二道安全保护屏障。所以,推理控制与统计数据的安全、访问控制技术、操作系统的安全管理和系统漏洞分析等是操作系统的主要安全措施。

(3)数据库管理系统层次安全。对于数据库的安全防护,数据库管理系统是最后一道屏障,这道屏障紧密地联系着数据库系统的安全性。数据库系统的安全性在很大程度上决定数据库管理系统安全性机制的完善程度,从而使许多安全性问题迎刃而解，反之则会受到危险因素的威胁。

数据库系统比较脆弱，入侵者能够通过系统漏洞，非法伪造和篡改数据库文件。所以，解决和防范这些问题是数据库管理系统层次中的主要安全措施。

2. 计算机数据库的安全保护机制

（1）身份认证机制。借助特定数据，信息系统可以将系统内用户身份等信息表示出来，计算机只能够识别用户的数字身份，用户授权也仅限于数字身份。要确保只有合法的数字身份拥有者才能操作数字身份，在设置管理时要有依据，所以需要使用身份认证等相关安全技术。

认证服务是其他安全服务的中心，能够保证某个实体身份。对于数据库的安全，数据库身份认证是第一道屏障，能够将非授权用户排除在数据库系统之外。以下身份认证方式是主流数据库系统支持方式：

第一，操作系统认证。用户在认证方式下可以利用操作系统账户直接与数据库相连接，免去用户名和密码设置，这种情况下的系统验证主要是依靠与数据库连接的系统。

第二，数据库系统认证。以加密形式在数据库内部保存数据库用户的账号与口令，口令和账号与操作系统并不联系，仅仅保存在数据库的内部。如果用户需要与数据库相连接，可输入口令和用户账户，得到相应认证。目前，数据系统和操作系统认证被主流的数据库管理系统所支持。

第三，第三方认证。认证数据库用户身份功能已经被许多网络安全认证系统所掌握，密钥分配系统和认证系统是其主要依靠。用户在双重依靠下，可以利用验证令牌和身份证明，对验证请求进行响应。从本质上来看，第三方认证会将一个应用编程界面提供给密钥分配系统，将安全服务提供给所有网络应用程序，所涉及的层面也是全方位的。

（2）访问控制机制。数据库安全控制技术主要包括推导控制、信息流向控制和访问控制，其中应用最广泛的是访问控制技术。这一技术主要用于控制资源访问，决定资源访问是否被许可，还可以控制授权范围，防止非法操作。数据库和操作系统中都有访问控制，但二者的作用不同，数据库中的访问控制对数据粒度的精细化程度要求更高，需要完整定义访问操作，对访问规则进行全面检查。用户只有通过合法认证才能获得授权，这对用户的行为可以起到约束作用。

第一,自主访问控制。系统会参考主体的访问权限和身份,在访问控制过程中进行决策,但自主访问的管理主体为客体属主,属主会以自主方式自行决定是否对其他主体授予自己的部分访问权和客体访问权,即用户通过自主访问控制,属主可以决定是否将文件分享给其他的用户。自主访问控制以访问控制矩形阵为表示形式,系统在用户希望操作的情况下,会比照系统的授权存取矩形阵,如果通过,该用户的请求会被允许;反之,用户的请求会被拒绝。

因为自主访问控制是根据主体意愿对访问权限进行控制,可以对控制权限进行设置,控制访问资源的用户权限,用户每次都要在验证过后才能访问。所以,要进行相关访问和操作,必须验证合格。这种控制方式主要依照用户要求,灵活性较高。

现在自主访问控制主要用于工业和商业领域,自主访问控制赋予各种应用程序和操作系统管理的功能。自述访问控制应用非常广泛,也比较灵活,但它也存在以下问题:①存在安全风险;②效率不高;③管理复杂且难度大;④易受病毒攻击。

第二,强制访问控制。这种控制方法拥有更高的安全性,在这种控制方法下会通过密集对所有数据对象进行分级,同时分配相应的级别许可证,用户如果想对某一对象进行存取,必须有相应的合法许可证。

第三,多级关系模型。扩展关系模型的自身定义,是使强制访问控制策略应用到关系型数据库中的前提,但是目前很难实现这一要求,也促成多级关系模型的出现,从本质上来看,多级模型会将不同的访问等级分配给不同元组,不同的安全区存在于关系中并各自对应一个访问等级,所有访问等级为 c 的元组,都存在于访问等级为 c 的安全区之内,如果一个主体拥有 c 的访问等级,则能对小于等于 c 的安全区中的所有元组进行访问,以便形成多级关系视图。

(3)数据库加密机制。尽管审计、用户识别和存取控制等各种与数据安全防范相关的功能都附属于大型计算机数据库安全管理系统中,但是保护措施仅针对系统方面,无法很好地防范和拦截黑客,还需要利用一定的保护措施保护数据库文件,进行数据库加密。

对于数据库来说，计算机数据库加密的安全防范措施十分有效。防范措施在控制数据本身时，会利用解密和加密控制，而数据库管理系统是其建立的基础。数据库加密不同于其他加密形式，数据文件中的字段代替数据库成为加密对象，即使黑客对数据文件进行窃取，也无法随意篡改文件，使数据信息获得安全保障，这并不代表数据文件的加密是无效的，并且加密整个数据文件在备份数据并传送到不同区域的过程也十分必要。

用户在数据库实现加密之后，还需要进行二次加密，二次加密主要利用用户自身密钥，使加密后的数据库安全性大大提升，数据库安全管理员也无法从用户数据库中获取信息。另外，数据库的备份内容在数据库加密后变成密文，很大程度上避免了备份过程中的数据丢失。所以，对于企业内部的安全管理，数据库加密十分重要。

计算机数据库加密的具体要求如下：

第一，字段加密。在了解粒度基础上，再了解字段加密，粒度是记录的每个字段数据，是解密加密的单位，与数据库的操作需求相适应，能够通过解密和加密记录的字段，使数据信息获得更高的安全性。如果加密的是文件，密钥的使用必然会反复，会使加密系统的可靠性降低，也容易出现失效问题。

第二，密钥动态管理。一个逻辑结构在数据库中对应的数据库客体是多个的，可能对应多个数据库的物理课题，其中的逻辑关系十分复杂，并且很难被人们辨别。所以，需要利用密钥动态管理加密数据库，可以进一步解决大量复杂的数据库加密工作。

第三，合理处理数据。合理处理数据的着手点有两个方面：一方面需要对数据库的存储问题进行合理处理，确保加密后的数据库空间开销稳定，需要注意的是，数据库加密对于部分数据库并不是必要的；另一方面，需要对数据类型进行合理处理，数据库管理系统会将没有妥当处理的数据类型当作不符合定义要求的数据类型，这样数据的加载需求会被拒绝。

四、计算机数据库的安全技术管理

"随着互联网技术的快速发展，技术进步带动了传统的信息传播方式的改变。正是由于快速而便捷的信息传播方式，使得计算机网络技术得到飞速发展，也具有更为广阔的应用空间。同时，在这样的背景下，如果难以保障全面落实好网络系统中的信息保密工作，容易出现信息泄露的情况，从而造成个人乃至国家的重要经济损失。我们应充分认识到加强信息系统的保密工作以及安全管理的重要性，这样才能更好地维护经济社会的和谐发展，才能更好地保证国家安全"。[①]

（一）数据库加密及恢复技术

1. 数据库加密技术

通常情况下，结合各种安全保障措施可以加强计算机数据库的安全管理。不过当其运用于重点领域或是进入敏感范畴，面对攻击时，这些安全保障措施会有不足的地方。黑客依旧会通过一些不合法的手段窃取用户名或者口令，无视规定乱用数据库，更甚者会进入数据库盗取相关文件或者擅自改动信息。

计算机数据库的安全性关系到用户个人的数据隐私。企业可以直接对数据库信息系统进行管理，管理者有权访问所有的数据信息。但是在电子商务领域运用时，企业会把经营的有关数据资料交给服务供应商，由他们来管理和保护，这样一来数据就面临着泄露的风险。

计算机数据库的安全加密技术可以使以上问题迎刃而解，计算机数据库的加密技术主要是把明文数据通过转换（通常是变序和代替）变成密文数据，即将计算机数据库中的数据保存到密文数据，想要使用时可以将其提取出来，然后通过解密的方式获取明文数据。数据的解密和加密是一个相反的过程，解密是加密的逆向过程，即把加密的内容转变为可以看到的明文数据。

计算机数据加密技术可以防止数据库中一些重要数据资料被窃取或丢失，不会被别人轻易进入，保障了数据库中重要数据的安全。所以，计算机数据库加密技术是非常重要的工具，可以有效保证相关单位和部门内部数据的安全。

---

① 李选超. 基于计算机信息系统的保密技术及安全管理研究 [J]. 电子元器件与信息技术，2021，5（12）：237-238.

2. 数据库恢复技术

对数据库进行恢复需要解决两个问题，一个是对冗余数据的建立和管理；第二个是如何使用冗余数据将数据库进行恢复。一般情况下有以下两种相关技术：

（1）数据转储技术。后援副本也叫后备副本，它是备份的文本数据，数据转储数据库的管理人员会将数据复制粘贴到磁盘上，从而保存文本数据。一旦数据库遭到破坏，后援副本就能够及时补充被破坏的数据，保证数据不丢失，重新组装后的数据库只有一次恢复数据的转储状态。只有重新运行转储后的数据，才能使数据恢复到故障前的状态。转储有以下两种形态：

第一，静态转储。静态转储指的是数据库系统没有运行事务时所进行的转储形式，是当数据在转储过程中，处于一致状态的数据库。静态转储状态下，无法对数据进行存取和修改。通常情况下，静态转储状态下的副本，数据是一致的，要想正式开始静态转储，只能等所有运行中的业务结束才能开始。但是静态转储也牵制着新事务的运行，导致数据库的利用率明显降低。

第二，动态转储。和静态转储进行比较，动态转储具有更强的可操作性，在数据进行转储的时候可以对数据库中的数据进行修改或者提取，用户的使用不受影响。相比于静态转储，动态转储很好地规避了静态转储中的一些缺点，主要是动态转储可以随时地进行数据运行。动态转储也存在缺点，在转储结束的时候其后援副本很难和数据库中的数据保持一致。

（2）日志文件登记技术。日志文件是一种文本形式，功能是记录数据的更新操作，根据数据库的不同系统选择不同的日志格式。从总体上来说，根据基础单位的不同，可以将日志文件分为两种格式：一种是以日志记录为基础，另一种是以日志数据块为基础。

以记录为基本单位时，需要记录的内容有以下三种：

第一，对事务开端的标记。

第二，对事务结束的标记。

第三，对从开始到结束的记录。因此，日志文件中的记录条可以是所有事务的开始、结尾和所有的更新操作。日志需要记录五项内容：①对事务进行标识化处理，换句话说就是需要注明其属于哪一种事务；②对日志文件操作类型的分类，如对数据的修改、插入或者删除等；③记录数据操作对象，属于内部标识记录；④更新数据以前的数据；⑤更新数据以后的新数据。

在大数据的时代背景下，日志文件的地位不可或缺，可以说起着很关键的作用，日志文件可以修复故障介质、修复系统故障和修复事务过程中的故障。总的来说，日志文件对于修复系统故障至关重要。除此之外，日志文件对于进行动态转储也很重要，因为在进行数据修复的过程中，需要日志文件和后援副本进行结合；静态转储对于日志文件的运用也是必须的；因为一旦数据库被破坏，就可以用后援副本和日志文件进行数据恢复，并且通过日志文件对数据进行各项事务的整理，由此能撤销发生故障时未完成的事务。通过这种方式，可以不再重复被提交的事务，进而使数据能够恢复到故障前的正常状态。

要想使被损数据有效恢复，进行日志文件登记的时候一定要做到这两点：①先编写日志文件，再建立数据库；②要按照时间顺序对事务的执行时间进行记录。这是两种截然不同的操作方式。有时故障在这两种操作方式之间发生，也就是说，数据只完成了其中一项操作。如果只是修改数据，没有通过日志文件进行记录，就很难再次修复。反之，如果先通过日志记录而数据没有做修改，通过日志文件可以对其进行修复，相当于是做了一次没有任何副作用的操作撤销，本质上对数据库的正确性没有影响。所以日志文件是修复数据的基础。

（二）数据库加密的基本特点

数据库的密码控制手段与传统的数据加密不一样，以往的数据加密只是将报纸文章当作最基础的对象，数据的加密过程与解密过程都是按照原始的由前往后的顺序来执行的。但计算机数据库加密的对象不是当中的全部文件，不能作为最基本的单位，原因是数据库中数据使用的方式不一样。

当面对一些被选择出来的，和检索条件相一致的记录内容时，要迅速地对数据内容进行解密，由于这些数据记录只是全部文件中的一小部分，解密时不能从中间插入进行。以后在数据库加密时，必须思考如何让数据库解密可以从中间某一段着手。计算机数据库加密的基本特点如下：

第一，对数据库进行加密采用公开的密钥密码。一般情况下数据库中的数据都是公开的，用户需要的时候可以随时使用，但前提是要有用户的授权,并且知道密钥。所以数据库采用公开的密钥进行加密。

第二,多级密钥结构。计算机数据库查找的顺序必须是有规律的,加密单位由大到小分为库、表、记录与字段。单数据库中的某一个数据被查找到了,就意味着其所在的库表记录和字段也是明了的,查询者也会知道与查询数据相对应的子密钥,正是这些子密钥共同构成公开密钥,从而供人们需要时可以随时进行解密和加密操作。

(三) 数据库加密的技术要求

第一,数据库加密的强度要增大,从而确保数据库的数据在较长时间内不会被大量破解。

第二,对数据库数据进行加密处理后,其需要的保存空间只能有轻微变动,不能大幅增加。

第三,要保持系统原来的特点,必须加快加密与解密的速度,以保证用户的体验效率,不会出现延迟的现象。

第四,数据库加密系统要建立一个稳定的、随机应变的体制来管理密钥。数据库加密与解密所采用的密钥保存必须具有安全性,同时使用方便。

第五,数据库的加密与解密技术对合法操作都是公开透明的,加密后的数据与系统原来拥有的功能不会发生冲突。

此外,数据库加密还要符合一些其他要求。比如,要正确认识数据库数据的种类,否则在加密过程中数据会因为与加密数据种类不一致,而导致加载出现错误。

(四) 数据库加密的方式方法

最初的数据是通过一些可靠的方式保存在数据库中的,但是这种保存方式的安全性不够,可能被入侵者所盗取,并擅自修改数据。所以对数据库所存储的数据进行加密是很有必要的。数据库加密的方式有以下两种:

1. 软件加密方法

根据加密部件和数据管理系统的不同,可以将软件加密分为两个方面:

(1) 库内加密,是在数据库内部进行加密,无论是加密的过程还是解密的过程都是透明的。数据库管理系统(DBMS)是一种操纵和管理数据库的大型软件，用于建立、使用和维护数据库，DBMS加密或者解密都是在数据物理存储之前完成的，加密密钥保存的位置在DBMS能够访问到的系统表（或称数据字典）中。库内加密有着自己独特的优势，即加密功能强，和库外加密有明显区别。此外，库内加密是透明的，可以直接使用，这也是其优势之一。库内加密同时也存在着缺点，主要表现在以下几个方面：

第一，加重数据库系统负担。DBMS一方面要承担正常的功能运作，另一方面还需要承担加密以及解密的运算任务，此任务需要在服务器端进行，所以对数据库系统有较大影响。

第二，在密钥的管理上存在安全的风险。加密密钥和数据库是在一起保存的，密钥的安全性依赖DBMS中的访问控制机制，针对这一问题，可以把密钥保存在加装的其他硬件上。

第三，加密功能离不开DBMS的支持。但DBMS存在着一定的局限性，它只能提供有限的算法和强度，在自主性方面比较差。

（2）库外加密。和库内加密相反，库外加密在数据管理系统之外，主要是通过加密服务器来进行加密或者解密操作，主要适用于文件加密工作。

计算机数据库的管理和操作系统之间有三种相互连接的方式：①使用文件系统的功能；②使用操作系统I/O模型；③使用存储管理。在使用库外加密时，可以对那些在内部存储中运用了DES、RSA这些算法的相关数据先进行加密处理，然后，文件系统会把经过加密处理的那些保存在内部存储中的数据存入数据库文件中，当读取数据时，只要通过逆方向解密便可获取。

库外加密的密钥的管理难度较低，只需要通过文件加密密钥来进行管理，但是，这种加密方式也有一定的缺点，主要表现在读入数据和写入数据的过程比较复杂，每进行一次读写都需要经过解密与加密的处理，大大影响了编写程序的效率，同时还会影响读入数据与写入数据库的速度。

2.硬件加密方法

相对于软件加密，硬件加密在物理存储器和计算机数据库系统的中间层添加硬件层，加密和解密这两个过程都是通过这一硬件层来执行的。不足的是，新增加的硬件可能会和原来的计算机存在的硬件出现兼容问题，导致对读入和写入管理的控制比较麻烦，因此硬件加密方式的运用没有得到普及。

(五)数据库加密的影响因素

1. 加密粒度因素

数据库的加密系统受加密粒度因素的影响,加密粒度从大到小可以分为以表、记录、数据项作为单位等来完成加密和解密工作。通常情况下,加密粒度与灵活度负相关,粒度小则灵活度更高、更安全,但这种技术操作起来比较繁杂,所以在实际操作中,以表作为单位和以数据项作为单位这两种方式使用的频率较高。

(1)以表作为单位的数据库加密方式与操作系统的文件加密方式有一定的相似性,表与表之间通过密钥进行计算,并进行存储。以表作为单位的物理存储实现方式的差异性使得其加密的单位多种多样,可能是文件,也可能是文件块。以表为单位的加密方式是最容易操作实现的,但也意味着其安全性、稳定性、可依赖性程度较低。

(2)以数据项作为单位的数据库加密方式的安全性、稳定性以及操作的灵活性程度虽然高,但是其实现方式也是难度最高的。这种解密方式中的数据项需要独自完成加密工作,还要运用多种数据项密钥,这就需要引进更多的密钥,也会导致密钥自动形成的方式与对其管理运用的难度更高、更复杂。

(3)以记录作为单位的数据库加密方式处于以表作为单位与以数据项作为单位的加密粒度中间,这种加密方式是把记录作为操作的目标,结合在一起共同进行加密与解密的工作。

2. 加密算法因素

对数据进行加密的关键在于加密算法,在进行加密处理的时候,要充分考虑到数据库的特征,从而选择有针对性的加密算法。常使用的加密算法有以下两种:

(1)对称密钥算法,对称密钥算法指的是加密密钥和解密密钥等同,有时候需要通过加密密钥推算出来解密密钥。

(2)非对称密钥算法,非对称密钥算法和对称密钥相反,它的解密密钥和加密密钥不等同,通过加密密钥推算不出解密密钥。

3. 密钥管理因素

在对众多的数据进行加密的过程中,每一个加密单元都会有不同的加密密钥，就会出现对众多加密密钥进行管理的问题。加密系统的密钥数量和加密粒度的强弱有很大的关系，它们之间存在着对应关系：加密粒度越小，则密钥数量越多，管理难度更高。所以，要想确保数据库内容的安全，同时保证密钥交换的效率，就需要通过以下两种方式来处理：

（1）密钥进行集中管理。这种管理方式发挥作用的范围是数据库管理中心地带，在数据库构建的过程中，通常是通过密钥管理中心形成加密密钥，接下来就是对数据做加密处理，然后形成一张密钥表。当用户进入数据库时，密钥管理部门就会启动识别功能，核对用户的身份信息和用户使用的密钥，在进行一系列的审核后，密钥管理机构会调出相关数据的加密密钥，通过解密算法进行数据解密，最后用户获得所需要的数据。

（2）多级密钥管理。多级密钥管理机制更受人们关注，对其的研究和应用也更多。在以数据线为单位的加密方式中，系统加密密钥主要由主密钥、表密钥、各个数据项密钥三个结构共同组成。

在数据库系统的整体中存在一个主密钥，其中每一个数据表存在一个表密钥。表密钥需要主密钥进行加密处理，表密钥在这个过程中以密文的方式被储存在数据字典中。通过一个函数，主密钥和每个数据项密钥之间主动形成数据密钥，密钥体制也有不同的级别，和加密的子系统相比，主密钥更加的关键，是核心所在。所以，主密钥的安全性关系到数据库的安全性，对数据库的安全起着决定性作用。

第三章　计算机网络空间安全与治理

第一节　计算机网络空间安全概述

随着信息化的发展，以互联网为基础的计算、通信等重要信息基础设施在社会生活中发挥着重要作用，但也面临着诸多安全隐患。随着云计算、物联网、大数据、人工智能、工业控制网络等技术的快速发展，网络空间安全面临着新的挑战，网络空间作为继陆、海、空、太空之后的"第五维空间"，已经成为各国角逐权力的"新战场"。

一、计算机网络空间安全的基本认识

（一）网络空间

一般认为，网络是由节点和连接边构成的，用来表示多个对象及其相互联系的互联系统。现实中的信息网络，可以抽象地概括为：将各个孤立的"端节点"（信息的生产者和消费者），通过"连接边"（物理或虚拟链路）将之连接在一起，进而实现各端节点间通过"交换节点"进行转发，以实现载荷在端节点之间进行交换。其中"载荷"是网络中数据与信息的表达形式，如电磁信号、光信号、量子信号、网络数据等。由此，网络包含了四个基本要素：端节点、连接边、交换节点和载荷。

以发送 QQ 消息为例，当用户发送 QQ 消息时，端节点就为用户发送 QQ 消息时所使用的台式计算机、便携式计算机、手机或者 iPad 等终端；连接边就是终端设备所连接的网络，可以是家中的 WiFi，也可以是学生宿舍或者单位中的有线网络；交换节点就是腾讯公司的 QQ 服务器和网络中各种用于完成消息发送所需的网络设备；载荷就是 QQ 消息中发送的内容。

"随着互联网迅速发展，网络空间逐步成为培育时代新人的新阵地"。[1]

---

[1] 陈小芳.网络空间培育时代新人的困境及路径研究[J].南方论刊，2022（08）：106.

网络空间可以简单定义为：网络空间是一种人造的电磁空间，其以终端、计算机、网络设备等为载体，人类通过在网络空间中对数据进行计算、通信来实现特定的活动。在这个空间中，人、机、物可以被有机地连接在一起，并进行互动，可以产生影响人们生活的各类信息，包括内容信息、商务信息、控制信息等。

为了进一步分析网络空间，需要在直观定义的基础上，进一步给出学术性和技术性的定义。因此，学术上可以把网络空间定义为：网络空间是人类通过网络角色，依托信息通信技术系统来进行广义信号交互的人造活动空间。网络角色是指产生、传输广义信号的主体，反映的是人类的意志；信息通信技术系统包括互联网、电信网、无线网、移动网、广电网、物联网、传感网、工控网、卫星网、数字物理系统、在线社交网络、计算系统、通信系统、控制系统等光、电、磁或数字信息处理设备；广义信号是指基于光、电、声、磁等各类能够用于表达、存储、加工、传输的电磁信号，以及能够与电磁信号进行交互的量子信号、生物信号等形态，这些信号通过在信息通信技术系统中进行存储、处理、传输、展示而成为信息；活动是指用户以信息通信技术为手段，对广义信号进行操作并用以表达人类意志的行为，操作包括产生信号、保存数据、修改状态、传输信息、展示内容等，可称为"信息通信技术活动"。在该定义中，网络角色、信息通信技术系统、广义信号和活动共同反映出了网络空间的四要素（虚拟角色、平台、数据、活动），也反映出了虚拟角色的广义性、主体性与主动性，数据的广谱性，平台的广泛性和活动的目的性。

（二）网络空间安全

网络空间安全涉及在网络空间中电磁设备、信息通信系统、运行数据、系统应用中所存在的安全问题，既要防止、保护包括互联网、各种电信网与通信系统、各种传播系统与广电网、各种计算机系统、各类关键工业设施中的嵌入式处理器和控制器等在内的信息通信技术系统及其所承载的数据免受攻击，也要防止、应对运用或滥用这些信息通信技术系统而危及政治安全、经济安全、文化安全、社会安全、国防安全等情况的发生。

针对上述风险，需要采取法律、管理、技术等综合手段来进行应对，确保信息通信技术系统及其所承载数据的机密性、可鉴别性、可用性、可控性得到保障。

二、计算机网络空间安全的发展阶段

从信息论角度来看，系统是载体，信息是内涵。网络空间是所有信息系统的集合，是人类生存的信息环境，人在其中与信息相互作用并相互影响。因此，网络空间存在突出的信息安全问题，其核心内涵仍是信息安全。

信息安全是指保持、维持信息的保密性、完整性和可用性，也可包括真实性和可靠性等性质。信息安全的目标是保证信息上述安全属性得到保持，从而对组织业务运行能力提供支撑。在商业和经济领域，信息安全主要强调的是消减并控制风险，保持业务操作的连续性，并将风险造成的损失和影响降到最低。对于建立在网络基础之上的现代信息系统，信息安全是指保护信息系统的硬件、软件及相关数据，使信息不因偶然或者恶意侵犯而遭受破坏、更改及泄露，保证信息系统能够连续、可靠、正常地运行。

随着全球社会信息化的深入发展和持续推进，相比现实社会，网络空间中的数字社会在各个领域所占的比重越来越大。以数字化、网络化、智能化、互联化、泛在化为特征的网络社会，为信息安全带来了新技术、新环境和新形态，信息安全开始更多地体现在网络安全领域，反映在跨越时空的网络系统和网络空间中，反映在全球化的互联互通中。因此，网络空间安全可以看作是信息安全的高级发展阶段，其发展历程如下：

（一）通信保密阶段

通信保密阶段所面临的主要安全威胁是搭线窃听和密码分析，其主要保护措施是数据加密。该阶段人们关心的只是通信安全，这一阶段需要解决的问题是在远程通信中拒绝非授权用户的访问以及确保通信的真实性，主要方式包括加密、传输保密、发射保密以及通信设备的物理安全。

（二）计算机安全阶段

计算机安全阶段主要在密码算法及其应用、信息系统安全模型及评价两个方面取得了较大的进展。这一阶段创造了双密钥的公开密钥体制，简称为

RSA算法，同时，还创造了一批用于数据完整性和数字签名的HASH算法。

1985年美国国防部推出了可信计算机系统评价准则，该标准是信息安全领域中的重要创举，为后来英、法、德、荷四国联合提出的包含保密性、完整性和可用性概念的"信息技术安全评价准则""信息技术安全评价通用准则"的制定打下了基础。

（三）信息安全阶段

20世纪90年代以来，通信和计算机技术相互依存，数字化技术促进了计算机网络发展成为全天候、通全球、个人化、智能化的信息高速公路，互联网不断地向社会各领域扩展，人们关注的对象已经逐步从计算机转向更具本质性的信息本身，信息安全的概念随之产生。在这一时期，公钥技术得到了长足的发展，著名的RSA公开密钥密码算法得到了广泛的应用，用于完整性校验的HASH函数的研究应用也越来越多。

（四）信息保障及网络空间安全阶段

由于针对信息系统的攻击日趋频繁以及电子商务的快速发展，信息安全的概念发生了以下变化：

第一，信息的安全不再局限于信息的保护。人们需要对整个信息和信息系统进行保护和防御，包括保护、检测、反应和恢复能力。

第二，信息的安全与应用更加紧密。其相对性、动态性、系统性等特征引起了人们的注意，追求适度风险的信息安全成为共识。信息安全不再是单纯以功能或者机制技术的强度作为评价指标，而是结合了不同主体的应用环境和应用目标的需求，进行合理的计划、组织和实施。

这一阶段提出了信息保障的概念，信息保障除了强调了信息安全的保障能力外，还提出了要重视系统的入侵检测能力、系统的事件反应能力，以及系统在遭到入侵破坏后的快速恢复能力。它关注信息系统整个生命周期的防御和恢复。

从信息安全各阶段的发展可以看出，随着信息技术本身的发展和信息技术应用的发展，信息安全的外延不断扩大，包含的内容从初期的数据加密到后来的数据恢复、信息纵深防御，直到如今网络空间安全概念的提出。只有掌握了信息安全及网络空间安全发展的趋势，才能更好地建立满足现在和未来需求的网络空间安全体系。

三、计算机网络空间安全的常见威胁

当今社会，不同年龄、职业、生活环境的人们都在使用网络，人们通过网络阅读新闻、查询信息、学习办公、购物娱乐、移动支付等。网络的普及给人们的学习、工作和生活带来极大便利的同时，也带来了诸多安全问题，网络安全早已和人们的生活密不可分。人们在日常生活中遇到各种网络安全问题，下面列举一些最为常见、而且危害性极大的网络安全威胁。

（一）账号设置弱口令

当用户在使用QQ、微博等个人账户时，用于个人账户设置的密码过于简单，也就是常说的口令为弱口令，导致用户的个人账号被不法分子盗取。弱口令没有严格和准确的定义，通常认为由常用的数字、字母等组合而成，易通过简单及平常的思维方式猜到或被破解工具破解的口令均为弱口令。常见的弱口令具体如下：

第一，空口令或系统默认的口令，例如，我们申请了一张银行卡，发卡银行给银行卡默认的口令为666666，如果我们拿到银行卡以后不进行修改，当银行卡丢失或者被盗的时候，极易被他人利用默认密码进行盗取，造成财产损失。

第二，口令长度小于8个字符（例如：admin、123456）。

第三，口令为连续的某个字符（例如：aaaaaa）或重复某些字符的组合（例如：abcabc）。

第四，口令中包含本人、父母、子女、配偶的姓名和出生日期、纪念日、登录名、E-mail地址、手机号码等与本人有关的信息。此种类型的密码是非常危险的，例如，我们将银行卡密码设置为自己的生日，银行卡密码为19790126，当同时存放银行卡和身份证的钱包丢失时，因为有身份证上的相关信息银行卡的密码很容易被猜到，极易造成财产损失。

第五，用数字或符号代替某些字母的单词作为口令。

第六，长时间不做更改的口令。

产生弱口令的原因与个人习惯安全意识相关，为了避免忘记密码，使用一个非常容易记住的密码，或是直接采用系统的默认密码等。再者，相关的安全意识不够，没能意识到口令安全的重要性。

比较常见的弱口令有123456、000000、666666。随着网络安全技术的发展，目前，大部分网站在设置用户密码的时候都需要使用数字和字母的组合，而且长度必须大于8位或者10位，因此前面提到的123456、000000、666666常见的弱口令基本已经可以避免。

但部分用户在设置账号的密码时，可能会使用账户用户名+生日、账户用户名+身份证号后6位、账户用户名+手机号码等作为账号的密码，这些密码也极易被攻击者猜到，故这些密码也不安全。

（二）WiFi陷阱攻击

人们出行的时候，总希望能连接免费的WiFi，用于发送微信或者QQ等即时消息。不法分子在宾馆、饭店、咖啡厅等公共场所搭建免费WiFi，通过免费的WiFi推送各种钓鱼网站，如假冒的淘宝网站等，骗取用户使用，盗取用户的用户名和密码信息，并记录其在网上的所有操作记录；或是针对设置了弱口令的家用WiFi进行口令破解，实现对家用路由器的远程控制。

第二节　计算机网络舆情的传播与监测

一、计算机网络舆情的传播

（一）网络舆情传播的重要源头

1. 传统媒体

在互联网兴起之前，传统媒体的信息传播构成社会舆情的主要形态。当互联网兴起后，网络媒体的传播信息成为网络舆情的重要源头。根据国家对于网络新闻信息登载管理办法的要求，网络媒体发布的新闻资讯信息主要是从报纸杂志、广播电视等传统媒体上转载。由于国内的网络媒体用户群数量大，颇具影响力的网络平台大都是由商业资本在运营，形成了传统媒体网络平台提供新闻信息来源、商业网络媒体转载给信息服务终端用户的局面，并由此形成了一个网络信息传播的分工链条，网络舆情的传播就是在这样的分工产业链条下形成的。传统媒体的新闻报道是推动社会舆情衍变的重要因素。传统媒体对某个事件或现象的连续报道，或深度挖掘报道，会推动网络舆情形态的变化。

2. 网络媒体

网络媒体成为网络舆情的显性来源，是因为网络技术的应用功能可以实时显示以及记录统计网民的浏览状态和互动参与状态。梳理构成网络舆情来源的显性指标可以从文章的点击阅读数统计等方面考察。文章的点击阅读数统计是一个最明显的指标，一般关注度高的文章，从点击数可以看出网民的关注度。网民对某个事件的立场态度，通过新闻跟帖的数量和内容可以看出来。网民对某些新闻事件的态度立场通过留言评论表达支持、反对或中立的立场。再深入分析观察，还可以看到网民对于新闻事件表达的不同情绪。

3. 个体网民

（1）围观式参与传播。在网络媒体兴起之前，是政府和领导把控传统媒体的传播资源和信息分配权，社会公众只有听和看的选择，基本上不能通过传统媒体表达自己的态度和立场。而网络传播突破了时间和空间的限制，网民可以在时间和空间上形成同步观看体验。

（2）自媒体"大V"传播。在社交媒体微博兴起后，意见领袖有一个新的称呼——"大V"。在社交媒体上，意见领袖对于事件话题的议程设置、话语表达的控制权，已经把传统媒体的采访权、编辑权、议程设置权，一定程度上转移到了意见领袖"大V"身上。尤其是社交媒体特有的粉丝关注功能，使得"大V"和粉丝的信息流向和互动成为很多舆情事件的衍变因素。

（3）舆情当事人。传统媒体和网络媒体要想成为网络舆情的传播源，都离不开最核心的源头，这就是舆情的当事人。因为当事人发生的变化才给传统媒体和网络媒体提供了信息源头。

第一，表达权利诉求。网络舆情的当事人会主动寻找传统媒体行使权利表达。传统媒体认为具有新闻价值和服务议程设置的需求，就会把这个事情当作新闻来报道。在网络传播环境中，当事人自己就会利用网络的开放应用功能，行使自己的传播权。当事人利用网络媒体，不需要借助传统媒体，有些当事人自己就能成为网络舆情的源头。

第二，配合媒体互动传播。网络舆情当事人，尤其具备一定网络媒介素养的当事人，往往很会利用网络媒体来推动网络舆情的衍变。

由于传统媒体在新闻话题的议程设置环节具有很大的控制力，舆情当事人只能被动配合，往往只能接受舆情衍变的结果。在网络媒体的传播环节中，舆情当事人在网络传播的开放和互动过程中，往往会主动地行使自己的诉求表达和信息传播权，在推动舆情的衍变过程中，尤其是在微博、微信等社交媒体的传播中，个人的作用有时候要大于传统媒体。

（二）网络舆情传播的主要载体

1. 新闻资讯门户平台

由于网络传播速度极快，因此，新闻资讯能够在网络平台中得到有效传播，这也是网络新闻门户平台建设的一个重要基础，同时也是网络媒体发展的一个重要形态。网络新闻门户平台通过对新闻事件的及时传输和发送，让网民能够在第一时间了解新闻事件，并及时关注，对之后的舆论度和舆论态势形成了一定影响。

（1）快速报道聚焦效应。对于网络上的用户而言，了解新闻资讯的一个重要渠道，就是通过网络新闻门户这种形式，一定程度上颠覆了传统的报纸、杂志、电视、广播等传播形态。

作为网络舆情的承载平台，新闻门户的一个最明显的特点就快速报道新闻事件。一旦发生新闻事件并通过网络门户第一时间报道，通过网络的迅速传播，网民在第一时间获知信息并发表自己的见解。通常情况下，在新闻报道的过程中，有采访权的政府类新闻网站通常会率先报道，之后就是商业网站的转发报道。与传统的报纸杂志和广播电视等媒体相比，网络媒体在报道节奏和速度上都明显要领先很多。在此期间，网民的聚焦关注和讨论发散很大程度上会形成事件信息的聚焦效应。对于这种态势，通过数据或一定手段将网络平台上用户的基本属性和浏览行为特点统计记录下来，为之后分析和研判网络舆情奠定良好基础。

（2）了解用户的基本属性和行为状态。与此同时，对于平台运营方而言，网络新闻门户的作用也是显而易见的，作为公众获取资讯信息的网络平台通过技术后台的统计与分析，对网络用户的基本属性和行为状态有一个初步了解。用户的基本属性是通过注册系统来了解的。网络用户在使用新闻资讯平台之前，要先填写一些基本的信息，才能使用平台提供的一些服务，如电子邮箱等互动功能模块，社区、论坛和微博、微信等个性化的应用功能。通过用户填写的信息，平台运营方可以了解用户的基本情况。平台方掌握了用户的真实信息，可以研究用户特点和属性，以便提供更有针对性的服务。

2. 移动社交应用

移动互联网的产生与高速发展，使得移动终端逐渐成为人们生活的必需品，再加上其本身所具备的便捷性和私密性，更是加速了网络传播的现场报道速度，网民之间的交往方式也就应运而生，传播节奏的加快再加上社交复杂程度的加大，使得网络舆情越来越碎片化和私密化。

（1）圈子化的封闭信息传播。移动互联网是移动化终端应用，微小、随身的特性使其具有封闭性和便捷性。而且，移动互联网的社交功能以熟人连接为主，通过偶像和粉丝、熟人和熟人之间建立连接关系，通过信任关系推转信息在封闭的传播渠道中扩散。

（2）现场化的快速报道。移动终端带来了移动传播对现场新闻事件的报道的改变。以微博为例，移动互联网传播得到较好的应用。移动互联的便捷性、智能手机的普及、快速拍照上传和微博碎片化文字描述使很多突发事件或现场活动得到快速传播，直击现场画面是新一代网络用户的阅读方式。

（三）网络舆情传播的根本渠道

网络舆情的传播渠道包括有形和无形两种。有形的是媒介形式渠道，无形的是公众心理情绪渠道。通过传播渠道，网络公众在知晓信息的基础上快速反应，形成舆论和舆情。

1. 媒介形式渠道

（1）网络新媒体的非结构化渠道。网络舆情的传播渠道主要是网络新媒体。网络新媒体的形态随着网络技术的变化而有所不同，从开始的新闻组、论坛、门户和微博、微信，贯穿其中的是技术功能和数据。其技术特点决定网络新媒体的数据化特性，那就是网络新媒体的用户可量化。网络用户的网络行为的巨量积累，形成所谓的大数据基础。这种大数据带来了非结构化的特性。

大数据具有的5V特性：Volume（大量）、Velocity（高速）、Variety（多样）、Value（低价值密度）、Velocity（真实）。在互联网平台上，这种大数据环境中的网络舆情，实际上是以一种非结构化的状态存在。要分析梳理网络舆情的来龙去脉，既要立足这种非结构化的状态，同时又要用结构化的分析模型去梳理。这种非结构化的状态带来了网络舆情的复杂和不可控性。从网络用户立场看，网络用户始终是在活动的。当然，网络舆情在大数据的环境中传播，在可承担的人力成本、经济成本范围内，管理者可以借助结构化方式去追溯舆情事件的传播路径。

（2）传统媒体的结构化渠道。从不同的传播渠道对比来看，传统媒体作为传播渠道，它的舆论扩散和到达率不如网络媒体，但是，在整个传播渠道中仍然是非常重要的一个节点。因为在信息的采集和品质的打造上，传统媒体仍然具有网络媒体不具备的优势和价值。对于报纸杂志而言，能够看到网络舆情的传播形态存在于报纸杂志的定位、采编流程、内部审稿流程、编辑记者、采访线索及采访对象之间、整理信息和提供信息的关系和过程中。舆论和舆情的传播在很大程度上受限于报纸杂志的议程设置。报纸杂志的传播信息形成的舆情延伸到网络上后，话题或者事件的议程聚焦性特别明显。网络往往会精挑细选地聚焦于报纸杂志提供的舆情素材，报纸杂志成为网络舆情传播的重要源头。

2. 心理情绪渠道

在网络舆情传播过程中，报纸杂志、广播电视和网络新媒体等构成网络舆情传播的重要有形渠道，但是，在心理学层面的个体心理之间的信息传播才是网络舆情传播渠道的最"原生态"的存在。

（1）社会话题的立场传播渠道。从"沉默的螺旋"的规律看，在面对一个有争议的议题或话题时，由于受到当时舆论氛围和声量的影响，人们会尽量避免单独持有的某些态度和信念，原因就是不想被孤立，也就是形成所谓的"意见气候"的认识，与此同时将自己归属于"多数意见"的行列。一旦这种想法形成，便会更加大胆地将这种意见表达出来；一旦发现自己在"少数"或处于"劣势"行列，遇到公开发表的机会，一个有效地防止孤立的行为就是保持沉默，这也是大众经常表现出的一种行为。形成的一种螺旋就是越是保持沉默，越是觉得自己所持有的观点是少数派，并且不为人所接受，导致的结果就是更加倾向于继续沉默。经过这样的反复几次之后，形成的结果就是占"优势"地位的意见更加强大，且这种趋势还在加强，而持"劣势"意见的人因为沉默，意见的发出越来越薄弱，这样循环就形成了强者愈强，弱者愈弱的螺旋式的发展过程。

（2）网络话题的情绪传播渠道。网络舆情的基础是网民的社会心理，它包含网民的情绪、愿望、主张、评价、感受、态度等心理层面，公众通过情绪、认知和态度倾向等显露出一种行为倾向。这种显露行为既包含真实直接的舆情表达，如群众上访、网络"吐槽"等方式，也包括隐晦的舆情表达，如文艺作品、民谣或者表达冷漠等方式。作为网络舆情表达主体的网民只有通过特定方式进行舆情表达，才能将网络舆情的状态显露出来。网络舆情表达的渠道和方式较复杂，通畅是网络信息大数据形态中的非结构化可见形式。

网络舆情的传播渠道涉及传统媒体、新媒体与现实中的口传、交谈、文字线索等多种表达渠道，这些渠道的传播为我们展现不同群体、载体的话语特征及整个舆论环境的构造。网民的舆情表达是理性和非理性的混合体，在网络传播过程中，可以呈现不同舆情主体的心理态势和演变过程。

（四）网络舆情传播的存在形态

1. 网络言论

所谓的言论主要是指人们的议论形式和相关内容，内容涉及方方面面，既可能是政治方面的公共事务，在该内容下的言论不可避免会有不同的情绪、意愿，自然也会产生不同的态度和意见，也可能是社会方面的各种内容，在讨论的过程中，同样也会产生不同程度的情绪和态度。因此，从某种程度上讲，言论是一种舆情信息，也是舆情的主要形态。对网络言论进行分类，不同的分类方式会产生不同的分类结果。

以信息形态为基础进行划分，可将网络言论分为三种，即文字言论、图像言论和多媒体言论。其中最为普遍、但影响力最大的一种言论形态就是文字言论。人们在互联网上可以以文字形式将自己的见解发表在微博、微信等网络媒介上，人们利用文字回复的方式将持有的赞同或反对意见表达出来，这也就形成了所谓讨论互动。而图像言论形态是在文字形态基础上发展起来的，包括简单的表情符号，也包含一些具有一定内涵的漫画作品等，这种形态通常具有较强暗示性。这种形态的发布者通常对自己想要得到的舆情倾向非常明确，图像或直接、或含蓄地能够将发布者的情绪和想法表达出来，其中的含义需要通过网民的理解和体会，之后再进行解读和讨论。第三种形式也就是所谓的多媒体言论，这种形式可以有效融合文字、图像、音频和视频，使舆情表达更加精准，相应地影响力也更大。

以信息传播者为基础，可将网络言论分为两种，即新闻媒体网站言论和网民言论。所谓的新闻媒体网站言论首先是由我国的新闻媒体网站发出，这些网站通常是传统媒体在网络上的延伸，不管是新闻的发布还是相关评论的发布，在管理方面都相对比较严格。因此，某种程度上讲新闻媒体网站上发表的言论就是传统媒体言论，只不过传播媒介从传统走向网络，成为一种再现和延续，也就是说网络上发布的新闻和评论同样需要经过编辑部编辑的编审等相关程序，只有通过把关过滤后才能将相应信息发布在网页上，发布出来的信息很大程度上就是网站新闻编辑部"把关人"所传递的观点和意见。由于信息来源各不相同，网站言论根据来源又可分为两种，即网站转发言论和网站原创言论。所谓的网站转发言论就是指网站从别处复制过来的"成文"的言论，可以是传统媒体，也可以是其他新闻网站，在内容层面没有自身的原创性，转发的时候需标明出处。

网站的编辑挑选的一些传统媒体言论为意见性信息在网站发布，对于获取广大网络用户的言论信息有很大帮助。所谓的网站原创言论在坚持原创的基础上将网络媒体作为第一发布空间，摒弃传统媒体，这种原创性言论就是网络原创言论，主要针对的是一些大型的新闻网站和门户网站，这些网站或门户网站通过开设评论频道，以及登载来稿来获取广大网民的反馈和信息，随着新媒体发展的不断深入，"网站原创言论"的数量也在日渐增多。对于网站原创言论的来源而言，主要有两个渠道：第一个就是网站自身拥有的编辑；另一个重要渠道就是特约撰稿人，通过设置网络主页上的言论专栏来实现网站原创言论，某种程度上来说这类言论是网站编辑的观点和意见的一种传达，但不可否认的一点就是虽然传播媒介发生了改变，但形式仍保持了纸介质媒体这种传统媒体的言论特点,信息流动仍然和以往一样是单向的,网站言论传达的观点网络用户只能被动接受,读者或网络用户的不同意见同言论作者直接探讨交流很难实现。也正因为是这样,这种新闻媒体网站所发表言论一定程度上很难完全代表舆情。

而网民言论,主要是众多网民在浏览网页的过程中所发表和传播的那些即时性互动的观点和言论,这种言论形式是网络环境中特有的,与此同时这种网络言论的存在形态也最能体现网络舆情特点。

2. 网络行为

(1)网民行为方式。纵观多起网络舆情热点事件,我们可以发现,一个网络事件从浮出水面经过发生、发展、高潮再到销声匿迹,整个过程网民的行为表现多种多样,形式也在不断变化。根据情绪激烈程度和现实行动倾向,可将网民行为方式分为理性温和型、情绪波动型和极端过激型三种,以下是对这些内容的详细解析:

第一,理性温和型行为方式。对于一个网络事件而言,通常情况下网民能够根据实际信息,通过自身逻辑思维或自身的价值观念识别并评价该事件,情绪相对较稳定,态度也相对较平和,这种行为方式就是理性温和型行为方式。网民中典型的存在形式为网络潜水、网络转载和理性温和型发言。

网络潜水:网络潜水是一种网络术语,主要是指网民的网络中的生活习惯通常是浏览,很少露面和发言,不引起他人的注意。在热点事件中,这种网络行为的具体表现为对相关事件的网络报道、论坛帖子甚至是博客文章等通常采取只看不回的形式,或在网络论坛中浏览他人关于此事件的讨论内容但不会跟帖参与其中;在面对网络争吵、网络冲突等事件时,通常采取的态度和行为是围观,也就是隔岸观火和静观其变。因此,他们也被称为网络看客,他们的关注点主要集中在网络事件的发展变化方面,很少对绝对相关事件进行网络交流和讨论,网络纷争等活动也通常不参与。潜水网民的规模很大,无论在哪种网络环境中,这种类型的网民都占大多数。

网络转载:网络转载是一种间接表达或传达自身观点的一种行为,指网络舆情热点事件中,网民通过将与事件有关的新闻报道或论坛热帖甚至是热门视频等信息进行网络异地空间的转载,这种转移并非自身原创的信息。通常来讲,网络转载的方式有:①转载者受到热点事件的表达手法或观点意见的影响，对其产生了兴趣或引起了情感共鸣而转发；②原作品中阐述的观点和逻辑思维让转载者感同身受，可以代替自己的观点传达，转载者的即时需求得到满足；③对于转载者而言，原作品的内容、目的等有一定价值，令转载者认为有分享转载的必要。对于网络热点事件而言，大规模的网络转载对其热度而言无疑是有很大推动作用的，一定程度上能影响事件的影响范围和后果。

理性温和型发言：所谓的理性发言，是指网民自身通过对事实进行考察思考，运用一定的文字，将考察的结果结合自己的看法，通过说理来表达意见；而温和型发言主要是指网民在对待热点时发表的言论中情绪化和带有个人情感的成分相对较少。由于网络上的参与者性格各异，再加上网络空间的特殊性质，使得网民较难理性发言。无论是理性发言还是温和发言，总体来说，情绪表现上都比较平和，在用词造句方面，多使用文明语言，通常不具有煽动性和攻击性。这种类型的网民在网络热点事件中的表现通常为理性发帖，文明表达，在与他人沟通的过程中言辞也比较理性温和。因此，在研究的过程中，研究者通常会对网民在网络空间的理性温和发帖或讨论行为进行研究和分析。

第二，情绪波动型行为方式。网络世界的人性格各异，在面对不同的热点事件时受性格影响所表现出来的行为方式也各不相同。其中一类人因其固有的情感品相或经验积累以及立场等方面因素的影响，在面对网络舆情点时间的过程中，会表现出比较强烈的情绪化行为，这种情绪化行为通常主要表现在网络世界，很少会影响现实行动。在研究的过程中，人们将这种行为方式的网民归类为情绪波动型，这种网民在网络世界中的表现，通常会积极跟帖发帖参与讨论。

情绪波动型发帖：这种发帖形式主要是指网民在网络舆情热点事件中所表现出来的强烈情绪及参与其中极大活跃度，他们积极表达，同时也希望得到他人的关注和积极回复。根据网民的发帖习惯，我们可以将情绪波动性发帖分为两种，也就是煽动性发帖和攻击性发帖，前者的发帖习惯是，网民将自己作为网络信息的一种传播源头，通过发表一些极具主观性质和煽动性质的意见或信息，有意或故意地激起大众的情绪，使其受感染，进而产生波动性发帖行为。煽动性发帖也可以分为两种，基于事实出发的情绪渲染性描述和不顾事实的歪曲，甚至是无中生有的捏造。前者以事实为依托，而后者是谣言，前者希望引起受众的情绪感染和共鸣，而后者主要是通过主观臆断影响广大网民的情绪、道德判断和价值取向的。而攻击性发帖主要是指在网络事件中，网民受主观情绪影响，或客观刺激影响，发表的内容中带有侮辱、歧视等暴力语言，攻击性质较为强烈的一种发帖行为。

情绪激起型网络创作：这种行为主要是指网民在受到网络舆情热点事件的刺激之后所形成的反应。他们通过一定的创作来体现自身的观点和情感态度，创作形式包括但不限于文字、绘画、图片、视频等。事件的刺激和启发是网民创作的灵感和主要驱动力，创作出来的内容和想要达到的目的也与网络事件紧密相关。网民的这种具有智慧和表现能力的创作手法，是其对网络事件观点态度的一种更加多元、生动的表达方式，与其他形式相比，也更加引人注目。当前比较常见的创作方式有两种，分别为词语创作和作品创作。

第三，极端过激型行为方式。极端过激型行为方式在网络热点事件中也屡见不鲜，这种行为呈现的方式，通常为情绪化或过激化问题较为严重，有时甚至会发展到现实生活当中，或已经在现实生活中出现，不同程度地影响现实生活。这种行为方式以是否影响现实生活为标准，可分为两类，即网络极端过激型和现实极端过激型，两者的关系相互影响，相互促进，前者是后者的情绪铺垫，而后者是前者的强化或延展。

在网络舆情的热点实践当中，存在着一种双金字塔形结构，位于塔底数量极大的理性温和型网民，他们的发言通常理性温和，属于看客性质，态度上较为冷漠，有一种置身事外感，而行为上极具一定的封闭隐蔽性，他们的思维比较理性，行为也比较符合常规，对于网络舆情热点事件而言，无论是在发展演变上还是作用影响上，都没有明显作用。

双金字塔形结构也就意味着在金字塔的顶端，还有一个金字塔，而位于上金字塔底端的组成，是那些情绪波动比较大的网民群体，通常情况下，他们在态度上质疑性较强，在讨论问题时，有一定的现实偏好，情绪方面容易冲动，相互之间的影响与渗透已经逐渐成为一种常态，而在思维方面，这个群体更加倾向于片面化，行为上则具有一定的挑衅性和冲动性。

（2）网络舆情热点事件的网民行为动机。

第一，利益动机。

在网络舆情的热点事件当中，网民的很多行为通常都带有一定的内心驱动性，这里主要从利益动机层面进行讲述，可以将网民的行为看作是网络经济受益人驱策的结果。根据相关理论，任何一个人都具有一定的理性和机会主义倾向，决定其行为的一个重要基础就是利益，而为了获得这种利益，就会采取一切手段。

在网络世界当中，现实中的人也就是社会人，角色发生了变化，他们不仅是现实中的经济人，同时也是网络社会组成主体。在两者深入的转化与融合过程当中，每个人虽然在角色行为特征方面表现出一定的差异性，但在心理行为等倾向上具有很强的一致性。再加上网络世界具有一定的隐蔽性，他们不再是现实生活中具有真实姓名的个体，匿名性让网络中的人在社会责任层面得到一定的解脱，在这种相对比较宽容或者纵容的情况下，网络主体，也就是网民释放自己内心的一种非理性，表现出来的趋利特征也就更加明显。

而为了使这种利益最大化，很多相关的企业或个人就要扩大自身的知名度或影响力，为了达到这个目标，就要有效利用各种网络热门事件，而且在网络世界中，无论是营销成本还是影响范围，与现实相比，都具有较大的优越性，得到的效果也更加明显，一旦这种营销效果明显，不管是企业还是个人获得的利益也将极为可观。

利益相关者理论下的利益驱动。根据相关理论，经济学中的利益相关者通常是指对盈利有影响的主体，这些主体包括但不限于企业的组成人员、债权人、消费者、政府部门以及与社会组成相关的各个部分。不管是企业或者是个人，他们追求的利益都是相关者的整体利益。而在网络舆情热点事件当中，利益主体不管是在构成结构层面，还是在影响机制等层面，都与利益相关者理论高度相似。在以利益为中心的网络事件发展过程当中，构成网络事件的当事人、网民、媒体以及相关的管理者是影响网络舆情热点事件发展的诸多因素，而事件的发展变化则通常是多个主体互相影响，互相较量得到的结果。

在网络舆情热点事件的发展过程当中，参与到事件当中的群体既有直接利益相关的，也有非直接利益相关的，这其中，直接利益相关者主要是指那些参与到热点事件中的各个实施主体，他们的动机相对比较直接，这也就意味着，他们的利益更加直接，这些群体大多来自在现实生活中也有类似利益受到影响,包括但不限于威胁侵害,而激发出来的对自身权益的诉求和追偿。比较典型的就是在各种民生类事件当中,包括但不限于涉及医疗、拆迁、财产等内容,这些参与者作为直接利益相关者,之所以会有这样的行为,主要是因为他们要维护自身的权益。

而对于非直接利益参与者来说,在网络舆情热点事件的整个发展过程当中,他们的动机与得到的利益并不直接相关,他们之所以会对事件进行关注或参与推进,目的是可以从中获得一定收益。

第二,权利动机。

网络维权已成为社会共识。随着社会的不断进步,大众无论是在权利意识层面还是维权层面,都在加速提高,这种意识也发展到了网络世界,权利意识已经成为网民在表达意见上的一个重要驱动力,这种驱动力让网民对于一些网络热点事件的参与性更强,甚至成为一种合法性盾牌。随着社会的不断发展和深入,公民在权利意识层面不断加强,体现在现实生活当中,就是他们对于权利的保证有了一定的追求,而一旦这种诉求获得渠道受阻,那么,网络就会成为公民维护自身权利的一个主要通道。在这种趋势下形成的结果就是网络市民社会,人们通过网络来对抗一些他们认为的不平衡状态,以弥补自身在现实生活中的缺失。

网络社会或结构的不断变化,在网络表达或意见沟通的过程当中,逐渐形成了一些意见领袖,他们对于网民的一些权利维护行为会形成很大的示范引导效应,这些网络意见领袖,通过对自身观点态度的表达或渲染,在得到大量网民认可支持的同时,也影响着这些网民。与以往的官方媒体相比,这些意见领袖更具草根特质,他们从一些具体的事件和内容入手,关注和维护特定群体的权利,其所指向的对象,也主要是一些公共权力部门或利益集团。通过对网民群体的迎合,这些意见领袖在权利需求和诉求指向方面,逐渐成为一批网民的意见标杆,同时,在意见认同的基础上,使其他网民对这种维权行为进行跟踪和模仿。正因如此,在网络舆情热点事件中,领袖通常能通过这些意见将一些个体的维权变成或演化成集体维权。

与此同时,随着我国教育的不断深入,一大批学生群体成为网络维权事件当中的重要组成部分,而这一部分,随着教育的不断升级,组成也在不断壮大,数据显示,学生网民在网络网民调查中属于数量最多的一个群体。这一类网民无论是在知识结构上，还是思维结构上，都具有极高的活跃性。

不同需求层次下的网民权利动机。在心理学中，我们经常会接触到马斯洛的需求层次理论，也就是将人的需求从低到高分为不同的层次。马斯洛将其分为五个层次，根据理论，人与人的需求层次各不相同，因此，所追求的需求也各不相同，这种需求同样也适用于网络社会，在对网络用户的权利需求进行分析之后，网民的需求与现实生活中民众的需求还是有一些细微差别的，即网民可能没有马斯洛需求层次中的第一层次需求，即生理需求。他们的需求层次从低到高，分别为基本权益的维护需求、知情权需求及话语权需求。与马斯洛需求层次不一样的是，马斯洛需求层次认为高层次是以低层次需求为基础而实现的，但在网络需求层次中，三者之间呈现出来的状态呈螺旋形，也就是说，所谓的高层次需求并不是以低层次需求为基础或条件，不同层次的需求可以同时出现，也可以不同时出现。

第三，道义动机。在马斯洛的需求层次理论中，最高层次的需求是自我实现，这对于公民来说，就是要将自己的潜力发挥到最大，最终实现自己的抱负和理想，成为自己想要成为的人，实现自己想要的人生，将自己作为一个社会人的价值发挥到最大。但在实际生活中，我们会发现，这个需求的满足或实现具有很大的难度，因此，网络世界就为很多人提供了这样一个环境，在网络世界中，这种需求更容易得到满足，在浏览网页或在网上冲浪的过程中，当遇到某些热点事件时，一些公民会基于自己的价值取向，对一些当事人进行声援或言语攻击，以维护他们心中认为的伦理道德和公平正义，从某种程度上讲，当该事件按照网民所想的方向发展，他们就会认为是自身社会价值的一种体现。

（五）网络舆情传播的主要规律

1. 线性渐进规律

在传播学理论研究中，有一种普遍关注的线性传播模式，它主要是从信息流的角度强调舆情信息，从传播者经由传播媒介向信息受众线性传递的完整过程，该理论还认为受众在信息接收方面是相对被动的、不具备主观能动性，舆情的传播效果与信息传递量呈现出正向的线性关系。

网络舆情热点事件大致遵循"首发→传播节点→大规模传播→跟进报道

→官方处置→表态→回落→结束"的传播路径。其中的每一个环节均有微博、微信、论坛、网站等媒体的参与，差别在于每一个具体事件的传播路径不同。因此，新媒体环境下的网络舆情就其演进规律而言，表现出明显的时序上的渐进性，同时，在整个过程中的某一个时期也有可能表现出一定的波动性，但这两者并不冲突。由某一事件或议题形成的网络舆情不可能无休止地存在于网络空间中，并且得到公众的持续关注，事实上，相比于现实社会，人们的注意力很容易从一个事件转移到另一个事件、从一个议题转移到另一个议题，因此，网络舆情的生命周期相较于现实舆情会更短暂。

线性渐进模式只是从时间的维度对网络舆情扩散过程中的大体描绘，因为网络舆情的形成与扩散是一个复杂的结构和过程，外在和内在的因素都可以导致网络舆情扩散过程和形态的差异。虽然在"全民麦克风"的互联网世界中，网络舆情涉及的事件或议题呈现出多样化、碎片化的特征，舆情的扩散和变动方式也各不相同，但是，就演进过程而言，网络舆情发展的主要过程可以大致描述为四个渐进的阶段：网络舆情形成阶段、网络舆情上升阶段、网络舆情高涨阶段及网络舆情消散阶段，这四个阶段形成了一条完整的演进链。

阶段一：网络舆情形成阶段。任何舆论的发生都源于个人意见；在互联网空间中，社会公众对某一突发事件或议题的意见表达和情绪发泄是网络舆情形成的基本起点。在少数话题→舆情热点→焦点事件→网络舆情的"刺激－反应"过程中，敏感性信息的扩散和传播速度远远快于普通信息，并在网络空间中发挥作用，带动相关事件的点击率和关注度的骤升。面对互联网空间中的海量事件信息，网络公众在进行个体意见的表达时可能汇聚成同一个意见群体，但也可能出现关注上的异化甚至对立的情绪倾向，促使其进一步探寻事件真相和寻求意见支持，从而形成不同的意见群体，甚至有可能出现群体极化的现象。群体内的态度、意见和情绪经过相互的碰撞和交流，在群体规范和压力的作用下往往趋于一致，各种群体力量的汇集最终促成了网络舆情的形成，并由此推动网络舆情的广泛传播。

阶段二：网络舆情上升阶段。在这一阶段，依托于特定焦点事件或议题而形成的网络舆情开始跳脱对特定个体的关注，而成为一种卷入群体性价值诉求的泛化的社会事件或社会议题。由此，网络舆情开始具有社会属性，并开始在更大的空间中得到快速扩散。

通常情况下，网络舆情快速扩散主要是通过三种途径：第一种途径是从传统媒介扩散到网络媒介，当今社会，传统媒介和网络媒介形成了紧密连接的机制，它打破了传统媒介和网络媒介之间的隔阂，为网络舆情跨媒介传播或扩散提供了更多的机会；第二种途径是从网络自媒体到新闻网站，网络自媒体作为网民自我发声的平台，各种类型的网民都会积极、主动地在网络自媒体空间中发布某个突发事件的信息，当这些信息具有一定的影响时就会获得新闻网站的转载或跟进，从而获得更大范围的传播；第三种途径是从网络媒介到传统媒体，随着媒体融合趋势的日益深化，传统媒介和新闻媒介在议题的同质性和报道的同步性上差距日益缩减，许多最早在网络上暴露出来的新闻线索最终会引起传统媒体的关注，转化为传统媒体的新闻报道。

总而言之，在网络舆情的上升阶段，舆情信息开始覆盖更大范围的网民群体，特定的舆情事件或舆情议题逐渐概化为民众普遍关注的社会事项。此外，多种媒介的介入及其相互作用会共同推动网络舆情走向高涨阶段。

阶段三：网络舆情高涨阶段。在这一阶段，网络舆情的关注度和影响力逐渐升至顶峰，传播媒介的报道程度和网络民众的参与程度都呈现出几何数量的增长态势，网络空间形成了巨大的舆论风暴。在互联网空间，网络舆情从形成到高涨通常只需极其短暂的时间。

阶段四：网络舆情消散阶段。网络舆情进入高涨阶段之后，其社会影响会呈现逐渐衰减的趋势，网络舆情也会进入慢慢平息的消散阶段。具体而言，当焦点事件或焦点议题所能带动的社会资源全部耗尽时，网民对事件或议题的关注度下降并呈现出疲态，传统媒体和网络媒体对事件的报道逐渐减少，社会影响和网络影响逐渐减弱，与事件或议题相关的信息不再能引起广泛关注或呈现出递减的态势，网络舆情卷入的事件或议题将会逐步淡出公众视野。尽管如此，网络舆情的消散并不总是能够平稳达成的，在此期间也可能会出现网络舆情的反复和二次高涨，但通常情况下，这种情况发生的可能性相对较小，即使出现，也有可能以更快的速度平息。

总体上来说，网络舆情消散的原因除事件或议题本身牵引力的下降及网民注意力的转移之外，更主要的是相关部门对网络舆情事件或议题的介入和回应。相关部门的积极响应，一方面能够推动事件的妥善解决，另一方面表明了一种正面回应、处理的决心和态度,这在一定程度上降低了事件矛盾双方的对立程度,使网民能够更加客观、理性地对待相关事件。

2. 涟漪发散规律

在互联网空间中,"风险的社会放大"往往更容易发挥作用。从当前的社会语境来看,互联网是一个有着更低准入门槛的"社会发声通道",人们可以更加自由地在互联网上进行自我表达。互联网空间中有着一定数量的极端情绪人群,他们在社会态度和情绪表达方面的独特性使他们成为不容忽视的重要群体;面对同一个外部刺激,极端情绪群体往往会投入极大的心理能量做出反应,并具有比普通人群更高的从极端情绪到极端行为的转变概率。互联网是一片幅员辽阔的水域,表面平静,内在汹涌。每当有突发性事件发生,这些突发事件及其可能衍生的其他事件就像投入水面的石头,转瞬间激起一圈一圈的涟漪,形成波及更大范围的浪涛。在涟漪效应的作用下,一些局部性甚至是一些微小的个案事件在网络波的辐射下迅速成为社会公众所关注的"共同话语"或"广泛认知"事件,并且在公众心理上形成某种情绪或态度。

作为一个非中心化的无尺度网络,网络在结构上的非线性特点使信息传播变得与以往完全不同。过去的信息传播主要是媒体推送给大众的,网络的信息传播则是用户主动搜索式的;过去的信息方向主要是由中心向边缘、由上向下流动,而网络上的信息传播则是平等的,双向互动的,没有中心和边缘之分,任何一个节点都可能成为信息的源头;以前的信息组织方式是线性的,有着严格的顺序,而网络的信息组织则是超文本结构的,信息之间的连接变得立体化和多向度。根据网络信息传播模式呈现出来的新特点,网络舆情传播过程中涌现出来的涟漪发散规律可以从以下三个方面进行详细的阐释:

(1)网络舆情信息的来源,即"扔水面的石头"。传统社会中的舆情虽然也是民意的集合,但这种民意通常情况下具有明显的"媒体发现"的特征;而发生在互联网空间中的网络舆情则更多来自网络社会行动者的主动关注。因此,网络舆情的信息来源更为广泛,除了媒体的报道,个人的意见表达同样可以激起网络舆情的"水波"。网络舆情是在互联网空间中传播的对某一事件或问题而表现出的多数人具有一定影响力的共同意见或言论,这些事件或问题构成了网络舆情的"信息源"或"作用源",但是,不是所有的事件或问题都能形成网络舆情,这还取决于"石头"本身携带的影响力的大小。从现实的情况来看,如果事件或问题不具有"削平、磨尖和同化"的特质,往往就无法扰乱水面的平静。

(2)网络舆情信息传播的渠道。无论是在现实空间还是网络空间,人都是信息的生产者、传播者和接收者。在网络舆情信息传播的过程中,除了信息本身所具有的属性,信息传播渠道也是一个需要考量的重要因素。涟漪一圈一圈地扩散开来依托于千千万万水滴之间的紧密联系,同样的道理,网络舆情信息的传播依赖于网络社会行动者之间的关系网络。互联网具有典型的复杂网络特性,互联网空间中的社会行动者及其之间的联结构成了规模空前庞大且具有小世界性、无标度性、层次性等拓扑结构特征的社会网络。从这一网络中的特定节点开始散布的网络舆情信息总是依循网络中不同节点之间的连边逐渐在整个网络中扩散开来。

不仅如此,网络舆情信息在这些节点间的传播还很好地契合了"涟漪散发规律":一方面,网络舆情信息借助网络社会行动者间的关系网络不断辐射开来,并最终覆盖规模庞大的节点;另一方面,网络舆情信息的传播还呈现出明显的效应递减的特点,也就是说,从信息源开始的最初几个层级对网络舆情的发展具有至关重要的作用,而后面的扩散层级(一般是第三层级以上)虽然也会发挥一定的作用,但这种作用通常并不是决定性的。

(3)网络舆情信息传播的动力机制。网络舆情信息能够从"信息源"出发借助网络社会行动者之间的关系网络通道像水面上的涟漪那样扩散开来,还有其内在的动力机制。动力是推动事物发展变化的力量或者原因,机制则是事物各构成部分的作用模式。从这两个概念出发,可以将网络舆情信息传播的动力机制理解为推动网络舆情信息在互联网空间中传播并扩散开来的各动力的作用机制,它所探究的问题是网络舆情信息传播何以进行。

就此而言,主要有两种力量推动了网络舆情的信息传播:①形成网络舆情信息的网络舆情事件或议题的内驱力。从一定程度上可以说,网络舆情是网络社会行动者受特定社会事件或议题的刺激而产生的反应。②以大众狂欢为表象的多主体协同作用。从网络舆情的发生过程来说,表面上相互隔绝的网络社会行动者从各自的兴趣与偏好出发,通过独立观点的发布、点击、回复或转发行为筛选并生成网络舆情热点，吸引更多的个体参与到网络舆情演化过程中；从网络舆情的发展过程来看，本身具有异质性的网络社会行动者从自己的主观认知和社会经验出发，而阐述的关于某一社会事件或议题的观点和意见通过不断的聚合演化成群体的共识、两极化或出现少数几种意见共存的局面，进而扩大网络舆情的社会影响。

3. 交互推进规律

网络舆情的形成和扩散是一个动态的复杂过程，除演进周期上线性渐进规律、影响汇集上的涟漪发散规律之外，在发展趋势上还表现出明显的交互推进规律。所谓交互推进，是指网络舆情在其形成和发展过程中受到多种因素的相互影响，可能呈现出关注人数、话语指向、社会影响等舆情态势上的强烈变化。具体而言，网络舆情传播中的"交互推进"现象表现在以下方面：

网络社会行动者作为网络舆情传播的主体，他们持有的观点和态度，以及他们彼此之间结成的关系网络对网络舆情的形成和扩散具有重要影响。

一方面，从一些网络舆情的发展过程来看，之所以会出现"众声喧哗"、舆情高涨的局面，是因为网络舆情所承载的突发事件或议题本身具有极大的争议性，以及这些突发事件或议题反映出来的社会价值取向、公众行为倾向和判断维度上的多样性，再加上信息传播过程的不对称性，网络社会行动者的共识达成往往需要经过时间上的过渡。在这个过程中，参与到网络舆情中的网络社会行动者在规模不断扩展的同时，其每一个构成单元也会根据自己从外部获得的相关信息产生个体观点或态度上的变化。因此，网络舆情的传播范围和影响力的扩大，在很大程度上是各网络社会行动者相互作用的结果，其扩散态势是在网络社会行动者各自持有的观点、态度和行为倾向上相互交织、争论和磨合的基础上形成的。除此之外，一些特殊的网络社会行动者（如网络意见领袖）为了扩大自己所持观点的影响力，还会有意识地进行舆情信息的集合、分析、筛选工作，由此形成一个更具整合性及理论深度的舆情观点，这些观点的发布很可能会引发更大范围和更加深入的讨论，由此推进网络舆情的发展。

另一方面，随着网络舆情信息的传播，一些新的网络社会行动者会逐渐加入网络舆情事件或议题的讨论中来，从而造成网络社会行动者构成的关系网络在规模和结构上都处于动态的变化之中。网络规模的增大代表着卷入舆情事件或议题的网络社会行动者数量的不断增长，这既是网络舆情形成的必要条件，也是网络舆情传播的必然结果。由于网络舆情演化空间在拓扑结构上表现出来的小世界效应、幂律分布、异配性、富人俱乐部效应等特征，针对某一特定事件或议题而聚拢的网络社会行动者的关系网络在拥有大量节点时，也会表现出与一般网络舆情演化空间的同构特征。这种结构对于网络舆情信息的传播具有路径利好的作用，因此，它从另一个方面推动了网络舆情的发展。

二、计算机网络舆情的监测

"随着国内互联网的快速发展，网络舆情监测工作已经成为相关部门、企业工作内容的一部分，构建舆情监测系统可以提前发现舆情危机，及时处理危机公关。"[1]

（一）网络舆情监测的特点

第一，信息存续性相对稳定。传统的舆情，靠人际传播，口说耳听，辅以传统的文字、声音、图像形式，不方便保留，存续性较差。而网络舆情的存续性相对稳定，人们发布在网络上的文字、图片和视频信息，能较长时间地保留在服务器上，方便存储。

第二，信息可检索性强。借助专业的网络信息采集、分析平台，可以准确地检索到专题网络舆情信息，并进行以大数据为基础的分析研究。而传统舆情由于信息介质的局限，很容易消失，很难进行大数据检索与分析。

第三，可信度高。网络舆情搜集到的信息量大，可以直接作为分析的数据基础，舆情分析的科学性更强、准确度更高。而传统舆情的信息数据量有限，只能对数据进行抽样调查并结合典型个案进行分析。

基于网络舆情信息的这些特点，网络舆情监测日益成为各类机构探知相关舆情的主要方式。人们成功地探索出了开展网络舆情监测的工具平台和基本方法。网络舆情监测是网络时代的舆情监测活动，它以网络环境下的舆情

---

[1] 邓磊，孙培洋. 基于深度学习的网络舆情监测系统研究 [J]. 电子科技：1.

作为监视和检测对象,借助专业的网络数据挖掘平台,以科学的方法采集舆情信息,搜集舆情数据,作为分析研判舆情的依据,进而及时发现网络上相关舆情的发生、发展、变化情况,服务于各类舆情需求主体。

(二)网络舆情监测的优势

第一,监测手段先进。传统的舆情监测手段技术落后,效率较低,而网络时代的舆情监测则基于新媒体技术,依托信息挖掘和数据库工具,高效率获取舆情信息,准确地分析判断。

第二,监测范围广。传统的舆情监测由于技术手段落后,只能在局部采取抽样方式和访谈方式,这决定了监测范围的有限性;而网络时代的舆情监测得益于监测手段的进步,可以对整个网络进行大数据采样监测,不受时间空间的约束。

第三,监测效率高。网络时代的舆情监测可以在较短的时间内迅速采集到所需数据,并对采集到的数据及时进行分析处理,这也是得益于新媒体时代数据处理技术的进步。

(三)网络舆情监测的要求

1. 侧重媒体热度

有的需求主体想获知的是媒体对其所开展活动的报道热度。比如,一家企业在开展了某项重要活动之后,迫切想知道该活动被媒体报道的热度和广度如何,哪些媒体进行了报道,主流媒体有哪些,一般媒体有哪些,报道的内容和形式,被多少网站转发,在什么范围内扩散了活动消息等等。为这部分舆情需求主体提供的舆情监测服务,要全面反映媒体对其重要事项报道的情况。列出代表性媒体的报道、在网络上形成二次传播的热度等。

2. 侧重负面信息

正面和负面信息的传播与评论都是网络舆情的组成部分。但有的舆情需求主体更侧重于对负面舆情的掌握和了解。在多数情况下,人们更倾向把舆情等同于负面信息和评论。很多机构都要求把舆情关注的焦点放在负面信息的监测和搜集上。多数舆情监测软件平台设计公司也针对此项市场需求,强调自己的产品对负面舆情信息的抓取能力和分析能力非常强大。

3.侧重具体评价

有的舆情需求主体希望掌握的是网络上人们对某一事件的具体评价观点。如果是肯定性评价,具体肯定了哪些方面、哪些环节,给予肯定的原因;如果是否定性评价,具体否定了哪些方面、哪些环节,持否定意见的原因。掌握了网络舆论的具体观点,利于有针对性地调整和改进工作,采取应对举措。

4.侧重典型案例

有的舆情需求主体并不需要了解常规的、经常发生的舆情信息,而是希望着重对具有典型意义的舆情事件加以深入剖析,获知舆情发生、发展、变化的特点和规律,作为未来工作的参考。

5.侧重舆情数据

当一个机构需要对某个时期的相关舆情进行总体分析时,舆情数据就是关键信息。多角度、多维度的舆情数据搜集和整理,可以科学地呈现媒体和公众对某项工作阶段性的传播和评论状况,间接反映出该项工作的进展程度,有助于舆情需求主体对相关舆情的总体把握。

6.综合舆情需求

在多数情况下,舆情需求主体需要综合性的舆情信息,希望了解网络舆情信息涵盖的舆情类型的多个方面。综合性舆情信息需求逐渐成为舆情需求的主流。

(四)网络舆情监测的调研

舆情监测服务机构在接受正式委托之后,第一步要做好舆情需求调研。舆情需求调研是保证舆情监测服务的针对性、准确性的基础和前提。

1.了解需求对象的业务

舆情监测是与具体的工作业务内容密切联系的。某一机构的舆情一定是由与该机构的工作内容、业务范围相关的事件所引发的。为某一机构提供舆情监测服务,必须通过多种渠道(如浏览其官方网站、查阅图书资料、翻阅相关政策文件等),尽可能多地了解该机构的工作状况、业务内容。对舆情需求主体的相关业务越熟悉,舆情监测的方向就越准确,所监测到的舆情信息就越能针对实际需要。

2. 了解需求对象的服务方向

要更准确地了解舆情需求主体对舆情监测的需要,舆情服务机构必须对舆情需求机构的具体需要和要求做精确化调研。舆情需求机构一般都会提出一些指向性要求,比如舆情监测是侧重于负面信息的监测还是侧重于具体观点的整理等。舆情监测机构的工作人员要准确领会,以便把握舆情监测活动的方向和重心。同时,要尽量了解舆情需求方所需要的舆情信息的类别和特点,并让对方尽可能齐备地提供相关背景资料,给出相关业务常用关键词,作为关键词整理的基础。为了准确记录对需求的描述,应以录音、录像、笔录等多种方式做好记录。

3. 确定舆情需求清单

根据调研了解到的需求情况,舆情监测服务机构需清晰列出舆情需求清单,内容包括舆情监测的方向、内容、舆情报告模板、报送舆情的频率、报送舆情的方式等。而舆情内容方面的需求描述是整个清单的基础部分。列清楚内容需求的目的有两个:其一是便于确定舆情监测的具体方向和范围;其二是便于在委托协议中明确界定舆情监测服务机构的具体义务。舆情需求清单是开展一项舆情监测活动的初始依据,舆情监测工作的开端、深入、完善,都是从这份清单开始,并以这份清单为依据的。

4. 对需求的动态把握

经过调研列出的舆情需求清单是开展舆情监测的基本依据,但是也不能机械地执行。舆情信息瞬息万变,舆情需求主体的要求也会随之变化。在原有清单基础上,有些需求会被删除、修改、补充。这些变化对舆情需求方来说是必要的,也符合网络舆情的变化规律。因此,舆情监测机构对舆情需求主体在内容、形式上的需求,要做到机动灵活、动态把握,能够根据需求方提出的要求及时进行调整。但是,无论具体的要求怎样变化,舆情需求主体的总要求和总方针是相对稳定的。因此,在动态把握舆情需求过程中,要遵循一致性原则,直至舆情需求方明确提出舆情监测宗旨和监测方向的根本改变。

（五）网络舆情监测的原则

1. 需求导向

舆情监测服务是客观存在的市场需求，要遵循市场规律。因此，舆情监测服务应以舆情需求主体的实际需要为导向，监测内容的范围、采集信息的类型都要符合舆情需求主体的实际要求。脱离舆情需求主体的需要而开展的舆情监测工作就失去了存在的意义。

2. 客观真实

网络舆情监测和网络信息宣传有本质区别。网络信息宣传是主动发布对自身有利的信息，其目的是引导公众、塑造形象，在操作策略上可以带有主观倾向性。网络舆情监测则是了解外部信息传播和公众舆论的情况，要求做到紧贴实情，符合实际。客观真实是舆情监测工作的核心。舆情监测服务机构订制高技术含量的监测系统平台，组建高素质的舆情监测工作团队，都是为了帮助服务对象了解到真实、客观的舆情状况和趋势。舆情监测所获得的信息越客观、越真实，就越有利于服务对象准确把握舆情态势，制定正确的应对策略。

3. 技术优先

网络舆情监测工作面对的是庞大的互联网数字信息，且每天其规模、信息的数量都在迅速增长，想要挖掘网络舆情信息，离不开先进的技术手段。舆情监测工作要建立在先进的信息挖掘和数据处理技术的基础之上，并且要随着新的发展而变化，不断提升技术层级，始终保持以先进的技术手段开展舆情监测活动。

4. 服务至上

舆情监测工作实际是为舆情需求主体提供的一种网络舆情信息服务。这种服务不同于单纯的商品供求关系，而是需要双方进行持续的互动，服务内容应该融合在每天的信息交流、沟通、调整之中。所提供的舆情信息是舆情监测服务的核心内容，但是以什么样的态度、什么样的形式完成这个过程，也是构成服务的重要组成部分。作为舆情监测机构，必须坚持客户至上、服务至上的原则，使舆情需求主体得到良好的客户体验。只有做到了技术、产品和服务兼具，才能实现优质的舆情监测服务，形成稳定的合作关系。

第三节　计算机网络空间安全治理

计算机网络空间安全治理是指国家、政府、国际组织、企业机构以及技术专家，为了确定网络空间安全技术标准，分配网络空间资源利益，应对网络空间安全事件、网络空间意识形态发展等，所采取的制定战略规划、政策法规、规则以及争端解决办法等诸多方式的总和，是在网络空间产生危机、矛盾的背景下对网络空间中的军事、政治、经济、文化、国际关系、社会事务等的治理，是使各方利益得以调和并联合采取行动的持续、发展的过程。"网络空间安全作为国家安全的重要组成部分，对人类社会的影响正在从生产生活层面延伸至国家政治领域，已经成为国家主权的新疆域"。[①]

一、计算机网络空间安全治理的特征

计算机网络空间治理有以下几个特征：

第一，网络空间安全治理不是一套规则条例，也不是一种活动，而是一个过程。

第二，网络空间安全治理并不是一种正式制度，而是一种持续和发展的相互作用。

第三，网络空间安全治理同时涉及网络空间中的部门和个人。

第四，网络空间安全治理的建立不是以支配和利用为基础，而是以协作和调和为基础。

第五，网络空间安全治理的方向并非是纯粹自上而下的，而是多方向多维度的。

网络空间安全治理是对网络空间进行规范的过程，已经得到全球各国、国际组织、企业机构和专家的重视。

二、计算机网络空间安全治理的意义

随着网络空间技术的迅猛发展，网络空间在推动全球政治、经济、文化

[①] 谢晶仁. 网络空间治理能力提升的路径研究 [J]. 湖南省社会主义学院学报，2022，23（02）：71-74.

和社会发展的同时，也给国家安全和社会稳定不断带来新的威胁和挑战。网络空间安全治理的重要性也随之日益凸显。

第一，从确定网络空间安全技术和资源利益分配角度来看，发达国家因先期发展的优势，已在网络空间技术方面拥有了主动权，并在日益加强控制网络空间关键资源和规则制定权；而广大发展中国家因历史、经济发展和技术条件等因素的限制，网络空间技术长期处于落后地位。网络空间安全的治理，是平衡网络空间资源利益分配的过程，是公平公正开展国际合作的基础，具有非常重要的意义。

第二，从网络空间安全攻击事件角度来看，在频繁遭遇网络空间威胁和攻击之后，网络空间安全治理问题备受重视。目前很多国家在保障网络空间安全方面的重视程度甚至会赶超传统军事力量，因为破坏网络空间的后果很有可能比破坏现实空间的后果更加严重。根据对国家安全和社会稳定造成的威胁和破坏程度，将网络空间攻击行为分为4种：黑客攻击、有组织的网络犯罪、网络空间恐怖主义以及国家支持的网络战。一般来说，其威胁和破坏程度是逐级递增的。无论是哪一种网络空间安全的威胁和破坏，其危害都是不可低估的，因此网络空间安全治理的重要性不言而喻。

第三，从网络空间意识形态角度来看，相对于网络空间安全技术标准的确定、网络空间攻击和威胁的防范，网络空间意识形态和文化的渗透是潜移默化并难以提防的。网络空间意识形态对所有主权国家的主流意识形态的安全产生了前所未有的挑战和威胁，在治理不当的情况下很有可能对国家主流意识形态进行解构和重构，这是所有主权国家必须面临的严峻问题。

在网络空间技术急速发展的现在，网络空间安全治理的重要性得到全球各国及国际组织等的重视，但是网络空间安全治理仍然面临着艰巨挑战和重重考验。

三、计算机网络空间安全治理的途径

（一）制定法律法规

中国特色社会主义法律体系，是以宪法为统帅，以法律为主干，以行政法规、地方性法规为重要组成部分，由宪法相关法、民法、商法、行政法、经济法、社会法、刑法、诉讼与非诉讼程序法等多个法律部门组成的有机统一整体。网络空间安全所涉及的法律和法规贯穿到整个法律体系中。

1. 网络空间安全治理相关法律

法律通常是指由社会认可国家确认立法机关制定规范的行为规则，并由国家强制力（主要是司法机关）保证实施的，以规定当事人权利和义务为内容的，对全体社会成员具有普遍约束力的一种特殊行为规范（社会规范）。我国网络空间安全治理相关法律情况如下。

《中华人民共和国网络安全法》自2017年6月1日起施行，这是我国网络空间安全领域的基础性法律，其宗旨是保障网络安全，维护网络空间主权和国家安全、社会公共利益，保护公民、法人和其他组织的合法权益，促进经济社会信息化健康发展。这是我国第一部全面规范网络空间安全管理方面问题的基础性法律，是我国网络空间法治建设的重要里程碑，是依法治网、规避网络风险的法律重器，是让互联网在法制轨道上健康运行的重要保障。《中华人民共和国网络安全法》将近年来不断发展完善的方式方法制度化，并为将来可能的制度创新做了原则性规定，为网络安全工作提供切实法律保障。

《中华人民共和国电子签名法》自2005年4月1日起施行，被称为"中国首部真正意义上的信息化法律"，自此电子签名与传统手写签名、盖章具有同等的法律效力。本法律规范电子签名行为，确立电子签名的法律效力，维护有关各方的合法权益。2019年4月23日第十三届全国人民代表大会常务委员会进行第十次会议修正。

《全国人民代表大会常务委员会关于加强网络信息保护的决定》自2012年12月28日起实施，本决定旨在保护网络信息安全，保障公民、法人和其他组织的合法权益，维护国家安全和社会公共利益。

《全国人民代表大会常务委员会关于维护互联网安全的决定》是2000年12月28日在第九届全国人民代表大会常务委员会第十九次会议通过的法律法规。本决定指出："我国的互联网，在国家大力倡导和积极推动下，在经济建设和各项事业中得到日益广泛的应用，使人们的生产、工作、学习和生活方式已经开始并将继续发生深刻的变化，对于加快我国国民经济、科学技术的发展和社会服务信息化进程具有重要作用。同时，如何保障互联网的运行安全和信息安全问题已经引起全社会的普遍关注。为了兴利除弊，促进我国互联网的健康发展，维护国家安全和社会公共利益，保护个人、法人和其他组织的合法权益。"

2. 网络空间安全治理相关行政法规

行政法规是国家行政机关（国务院）根据宪法和法律，制定的行政规范的总称。

关于网络空间安全治理的行政法规有《国务院关于授权国家互联网信息办公室负责互联网信息内容管理工作的通知》《信息网络传播权保护条例》《互联网信息服务管理办法》《计算机信息网络国际联网安全保护管理办法》《中华人民共和国计算机信息网络国际联网管理暂行规定》《中华人民共和国计算机信息系统安全保护条例》等。

（二）大力开展国际合作

1. "一带一路"与网络空间安全治理

网络空间的互联互通最能体现"一带一路"的时代特色，网络空间安全治理是否有成效则直接影响到"一带一路"基础设施互联互通能否成功，"一带一路"不仅是现实空间的战略与建设，还在网络空间安全方面具有多层次的战略意义。加强网络空间安全及其治理方面的合作，是"一带一路"沿线国家共同发展的坚实基础。

同时，"一带一路"国家互帮互助以实现网络空间安全自主可控，彻底摆脱美国主导的被动局面，实质性改变全球网络安全格局，形成事实上的中美网络安全对等博弈。如果"一带一路"使得中国在全球网络基础设施建设中迅速崛起，改变网络空间的力量平衡，改变网络空间中美两强国博弈的不对等局面，改变网络空间美国一家独大的霸权格局，形成与美国分庭抗礼的对等博弈格局，那么就可以破解"美国霸权"这个大多数国家面临的共同困境。这对于在全球网络空间尽快建立起开放、包容的规范，建立全球的健康良性的秩序，意义重大。

2. 国家间在网络空间安全治理方面的合作

（1）中美在网络空间安全治理方面是合作和博弈的关系。中美领导人高度重视网络空间合作，双方就网络空间合作问题会晤频繁，逐步达成共识，加快推进合作的步伐。

（2）中国和俄罗斯从地缘政治、国际格局和网络产业发展等多个方面达成了网络空间安全治理的共建共识，强调网络空间主权平等的原则，提倡政府和政府间主导的多边利益协调机制。

（3）中英在网络空间安全治理方面的合作。2016年6月13日，首次中英高级别安全对话在北京举行，中英双方就合作以及共同关注的国际和地区问题突出安全问题深入交换意见并达成重要共识，为中英两国在打击恐怖主义、打击网络犯罪和有组织犯罪、加强国际地区安全问题合作等方面搭建了一个新的交流与合作平台。

第四章 计算机网络安全防护探究

第一节　计算机网络系统安全防护

一、计算机网络通信协议

（一）计算机网络通信的基本原理

对于开放的网络平台，其基本原理和思想并不算复杂，网络形成的过程，实质上是两台相互连接的计算机进行信息交互的过程。处于同一网络中的某一台计算机，又被称为网络节点，服务器作为网络必不可少的组成部分，能够为网络提供一系列服务，常见的有文件服务、邮箱服务、信息检索等，网络协议是主机与主机间通信的桥梁，其中TCP/IP协议是最为基础的网络协议。网络中的主机能够对文件进行预处理、加工和过滤，各类协议及操作系统在此过程中也扮演着重要角色，两者直接面向用户，对用户信息进行检索，进而实现互联网的对接。

TCP协议与IP协议是计算机网络通信过程中两个重要协议，通常情况下，将两者合称为TCP/IP协议。两大协议的制定还能够实现数据传输。TCP/IP协议能够为众多网络服务以及功能提供基本保障，无论是服务器的访问、文件的传输，还是邮件的发送，都离不开TCP/IP协议。

1. TCP/IP协议分层模型

为了加强对网络的高效管理，建立TCP/IP协议分层模型，不同层被赋予不同的通信功能，TCP/IP协议被分为四层，即链路层（网络接口层）、网络层、传输层、应用层，因此，TCP/IP协议又被称为四层协议系统。

（1）链路层。通常所提到的数据链路层或者接口层，实际上指链路层。链路层作为TCP/IP协议分层模型中的最底层，囊括接口、驱动等一系列网络组件，主要实现比特流的传输，帧的定界、接收并发送数据包等功能。数据链路层的具体功能为：首先，为上层发送数据包并接收上层传来的数据包；其次，与 ARP 模块完成对接，发送并接收 ARP 请求；最后，与 RARP 模块建立连接，在发送 RARP 请求的同时，还应答所接收的 RARP 请求。

（2）网络层。网络层又被称为 IP 层，因为 IP 协议贯穿整个网络层，实现路由的选择以及网络的分组选路。TCP/IP 协议并不指代某一特定协议，而是一个协议组群。在网络层中，除了 IP 协议，还有 IGMP、ICMP 等协议，ICMP 是 TCP/IP 协议族的一个子协议，用于在 IP 主机、路由器之间传递控制消息；IGMP 是因特网协议家族中的一个组播协议。

网络层的功能主要体现在以下三个方面：

第一，与传输层紧密相连。对传输层发来的请求进行应答，将数据包放入特定的分组中，选择适合此数据包传输的路径，最终发送到目的地址。

第二，不仅要将数据包放入分组中，还需要对数据包进行检测、处理，对数据包到达目的地的情况进行检测。如果发送失败，需要再次发送；如果发送成功，则需要对包头进行处理。

第三，需要进行拥塞处理、流量控制、冲突检测等。

（3）传输层。传输层主要面向应用程序，实现不同主机上应用程序间的通信。常用的传输层协议有 TCP 协议与 UDP 协议，两者在数据传输过程中具有本质性差异：TCP 提供的服务相对复杂，不仅需要将数据包进行分组，还需要设置特定时钟，防止数据丢失的发生；UDP 的传输速率相对较快，只将数据发送到特定主机，并不能够保障应用进程间通信的建立。因此，UDP 是一种并不可靠的传输方式。TCP 协议与 UDP 协议在应用场景、传输方式、网络功能上均存在较大差异。传输层主要负责对信息进行格式化处理并完成对数据的传输。

（4）应用层。应用层则主要处理特定的应用程序，无论是何种通信协议，都能够为之提供远程登录、邮件传输及文件传输等服务，所对应的协议分别为 Telnet、FTP 及 SMTP 协议。

TCP/IP 协议应当遵循五个方面：①网络接口层的下层需要设定物理层以及硬件层；②应当重点关注用户需求，为用户提供更优质的服务；③相邻层之间可以进行通信，但是绝不能跨层通信；④在发送数据时，数据必须从高层依次向低层发送，而接收数据时则相反；⑤同一层的接收与发送内容应当保持一致。

2. 域名

计算机需要接入网络，处于网络中的计算机必须具备系统，这里所提到的系统，实际上是"主机"，使网络中的其他配备能够对其进行访问。"主机"是一个专业术语，任何一个计算机都需要安装操作系统。网络设备的 IP 地址，可以帮助其他设备找到自己，通过 IP 地址找到特定的网络接口，但对主机进行访问时却并非如此。在日常访问过程中，主机名访问是最常用的访问方式，对于用户而言，主机名更方便记忆，域名系统则能够提供主机名和 IP 地址间的映射信息。

3. 客户–服务器模型

网络应用程序只有通过服务器，才能够为用户提供特定服务。计算机网络通信中，用户与服务器进行信息交互，依赖于客户–服务器模型，客户和服务器处于客户–服务器模型两端。图4-1显示了客户–服务器模型的通信过程。

图4-1 客户–服务器（C/S）模型

服务器的种类可分为两种，即重复型和并发型。

（1）重复型服务器的工作流程为：首先，等待从客户端发来的请求；其次，对客户端发来的请求进行处理；再次，将请求响应再发送回客户端；最后，返回第一步，依次循环。由此可见，重复型服务器只能够为一个客户提供服务，在处理一个客户请求时，并不能为其他客户提供服务，工作效率较低。

（2）并发型服务器的工作流程为：首先，等待客户端发送相应请求；其次，开辟新的线程，并使用新的服务器对客户请求进行处理，对操作系统提出严格要求，操作系统必须在请求处理完成后立即关闭此服务器；最后，返回第一步，依次循环。

总而言之，重复型服务器和并发型服务器的工作过程存在一定差异，前者只能为一个客户提供服务，而后者则能够为每位用户提供不同的服务器，进而满足不同客户的需求。但客户本身并不清楚所使用的服务器类型，因此，服务器分类显得尤为重要。

（二）计算机以太网与IEEE标准

计算机以太网一名，来自数字设备公司的英文简称，以太网是一种以IP或TCP协议为基础的局域网技术，利用带有冲突检测的载波侦听多点访问进到网络的内部，传输的速度能达到每秒10兆，地址是48位。

带有冲突检测的载波侦听多点访问，又名为CD或CSMA，IEEE委员会公布了标准集合，CD或CSMA的802.3已经在全网络遍布开来，令牌总线网络的802.4可以为专业应用提供平台，应用于令牌环网的是802.5。

以上三组网络的网络范围都不一样，和以太网相比，802.3与802.2认为的帧格式都不一样。

在IP或TCP协议中，RFC数据文献的地位非常重要，该文献对IEEE 802网络作出了定义，同时更严格地对主机提出了要求。对于所有主机来说，务必使用以太网电缆来连接，要努力做到以下三方面：

第一，以太网有非常严格的封装格式定义，都应该使用RFC894。

第二，应该能对混合的RFC 1042与RFC 894进行接收，是IEEE802的封装格式范围。

第三，要适应RFC 1042的分组。

若面临对以上的数据分组进行同时发送的情况，则应该优先使用默认的分组，也就是RFC894分组。

二、计算机网络通信的安全防护

（一）计算机网络服务的安全漏洞

通过 TCP/IP 协议建立的 Internet 服务，种类繁多，涵盖 FTP、Finger、WWW 及电子邮件等，这类服务的安全性不足，用户在安装防火墙以后，应设置对服务类型的允许权限。

1. WWW 服务的安全漏洞

WWW 服务是以 Hyper Text Transmission Protocol（HTTP）为基础的 Internet 服务。它是人们生活中常用的服务，但其出现并投入使用的时间却比较短。在 Netscape 公司开发出安全套接字层 Secure Socket Layer（SSL）之后，WWW 服务器和 WWW 浏览器的安全性能有了质的提升。目前，电子商务领域已经成功引入了这一技术。用户既可以在 Internet 当中进行股票交易，又可以进行线上购物。但是，它也存在一定的安全问题，如 CGI 程序问题、Java Applet 问题等。

WWW 服务刚刚推出的时候是静态的，为了让其更有活力，技术人员在原有程序的基础上加入了 CGI 程序，这个程序可以让主页的活力得到强化。CGI 依赖于用户的表单实现输入、接收信息，处理之后再将信息反馈回去。用户最后接到的是 HTML 形式的文件。CGI 程序安全性较低，容易被攻击，黑客可以通过攻击获取系统 etc/passwd 文件，除了获取文件之外，还能删除计算机的文件，也就是利用计算机违法犯罪。除此之外，程序员加入 CGI 程序的时候，对原来的程序进行了修改，造成了系统漏洞，且漏洞无法解决，进而导致计算机陷入了更加不安全的状态。所以，为了让 CGI 程序处于安全状态，我们需要提前了解程序涉及哪些漏洞。

2. 匿名 FTP 的安全漏洞

Internet 提供商提供的服务当中，最重要的一项是匿名 FTP 服务，用户可以利用 Internet 对 FTP 当中的软件进行访问，FTP 配置的正确与否直接影响安全性能。匿名 FTP 会对登录用户进行一定的限制，不会允许所有的用户都有权利对文件进行改写、创建。因此，黑客在电脑系统中插入"特洛伊木马"病毒，以此入侵系统。TFTP 传输服务具有危险性，所有人均可借此改变系统和服务器中有权限的所有文件。

3.远程登录的安全漏洞

在大型网络环境下，远程登录可以方便大众，同时也存在一定的安全隐患。网络上的远程登录指令，如 rlogin，使用时需要网络密码。TCP 和 IP 在传输信息时不加密，黑客攻击目标主机时，通常会在运行时实施嗅探器搜查，进而获得所需口令。

4.电子邮件的安全漏洞

电子邮件服务是使用最多的服务类型之一，黑客利用电子邮件的漏洞攻击系统，同时在互联网上加以传播。个人账户、企业最常见的安全隐患，是电子邮件的安全与保密问题。电子邮件很容易被窃取，尽管人们发送或接收电子邮件只有几分钟，但其工作程序却十分复杂。

用户的电子邮件被打包在电子邮件服务器上，由用户转换成相应的二进制代码，也就是 SMTP 服务器，它依据 SMTP 协议发送邮件，但因为收件人与发件人一般不在一起，所以主机并不连接在一起。因此，邮件必须通过多个主机，也会暂时存储在其他网络主机中，再寻找最合适的发送方式。最后，电子邮件才被发送到收件人的主机，即 PoP 服务器上，完成信息的接收。

电子邮件是借助于多台传送主机进行发送。传出的消息暂时存储在另一个主机中，并通过传输路线到达下一个主机，完成接下来的传输工作。电子邮件如同从一个邮箱到另一个邮箱的明信片，所有计算机主机都可能成为黑客攻击的目标，而盗取用户密码是网络黑客窃取电子邮件最简单的方法，也相对容易实现。

电子邮件相关服务有两种：SMTP 和 POP3，分别负责发送和接收电子邮件，其中的核心程序是 Sendmail，但在低版本状态下会出现很多漏洞，其中电子邮件病毒是不得不面对的安全问题，比如蠕虫病毒等。此外，电子邮件中作为附件的各种文档也可能携带病毒，如此便增加了网络安全负担。

（二）计算机网络 TCP/IP 的安全防护

计算机的飞速发展带动了信息共享的发展，使信息共享的应用更加深入。但是，随着其应用的范围变大，重要性提升，它也暴露出了一些安全问题，Internet 是以 TCP/IP 协议为基石，TCP/IP 协议力求让计算机运行变得简单，追求高效率，但是它在安全方面的考虑有些不足，也就是说，这个协议并不是完全安全的协议。其安全隐患包括容易导致网络窃听的发生、协议提供的服务太脆弱、没有建立安全策略、没有设置访问限制等。这些隐患的存在，导致计算机被攻击的概率大大的提高了。

TPC 和 IP 之间有本质的差别，其提供的安全保障也不同。网络层使用的网络是虚拟的，传输层使用的网络是安全套接网络。以下主要探讨 TPC 和 IP 的安全性，以及提升其安全性的方法。

1. Internet 层的安全防护

21 世纪初，人们就开始着手定义 Internet 的安全协议。例如，安全数据网络系统（SDNS）当中由美国国家安全局和标准技术协会联合制定的安全协议3号。国际标准化组织为"无连接网络协议"（CLNP）制定了安全标准范围，并将其具体细则明确在了"网络层安全协议"（NLSP）。其中，IP 和 CLNP 联合制定的安全范围标准是"集成化 NLSP"（I-NLSP），SWIPe 属于因特网层面的有关的安全协议，每一项技术都属于 IP 封装技术，它遵循的原理是加密文件，然后使用 Internet 的路由进行 IP 的安装。

Internet 工程特遣组（IETF）明确表示他们认可 Internet 安全协议（IPSEC）当中设定的有关 Internet 密钥管理协议（IKMP）和 IP 安全协议（IPSP）的建设标准，IP 安全协议（IPSP）建设的目的是为终端用户提供简单便捷的加密服务，为他们提供更多的安全保障，终端用户可以在 IP（IPv4）网络下、IPv6 网络下运行。它的运行主要体现出的特点是：算法不会对用户的加密操作造成影响，即使算法被替换，它依旧可以正常提供服务。此外，这项工作的开展需要安全协议的配合，所以，考虑到要维持用户的正常使用，IPSEC 工作组在原来的标准之上，重新设置了一个标准范围，这个范围包括：有效承担负荷安全范围，也就是 ESP，它的主要作用是保障运行过程的内容安全；认证体系，也就是 AH，它的主要作用是保障 IP 的完善性。

IP AH 是网络在运行过程中，一段消息的认证代码 MAC（Message Authentication Code）。当 IP 数据包被发出时，IP AH 已做好准备，发送密钥，计算 AH，接收对方认证。如果数据接收端与发送端使用的是单个密钥，则双方运用同个密钥工作；当双方运用公钥时，则需要使用不同的密钥。发生第二种情况时，AH 系统具有不可忽视的作用。有些区域在数据传输过程中不会发生变化，如 IPv6 中的 hop limit 域和 IPv4 中的 time-to-live 域，这些区域并不稳定，对 AH 计算没有影响。

IP ESP 协议用于封存网络中的 IP 地址，还可以包装封存 ESP 协议中的上层协议传输数据，一般情况下，对 ESP 协议是加密的。加密后的 ESP 可以通过管道数据传输，利用新的 IP，完成 IP 数据包对 Internet 上的路径选择。接收端需要先进行 IP 头的拆除，然后才可以进行 ESP 的解密，解密之后，进行后续 ESP 头的处理工作，然后，根据 IP 数据包和网络路径之间制定的高级协议数据对其实行与 IP 数据包一样的处理。RFC-1829 明确表明只有在 CBC 和密码处于连接状态时，才可以解密 ESP 或者加密 ESP。

AH 的功能和 ESP 的功能既可以分开运用，也可以一起使用。

1995 年 8 月，互联网工程指导小组（IESG）推荐了 IPSP 的 RFC，与此同时，设立了 Internet 建设系列标准。目前，在 AH 和 ESP 体制中能够正常运用的有 RFC-1828、安全散列算法（SHA）、RFC-1829、三元 DES。

通常来讲，IPSP 的密钥配对要求用户使用手工操作的方法，而且，这一过程需要消耗一定的时间。但是，如果 IPSP 的规模变大，那么我们需要建立标准，实行精细的密钥管理。标准的设立需要根据 IPSP 安全条例当中的内容确定。因此，IPSEC 工作组展开了 Internet 密钥管理协议（IKMP）的设定工作。此外，还有一些搬来的协议也被使用，例如以下六条：

第一，"标准密钥管理协议"（MKMP），该协议是由 IBM 提出的。

第二，"Internet 协议的简单密钥管理"（SKIP），该协议是由 Sun 提出的。

第三，"Photuris 密钥管理协议"，该协议是由 Phil Karn 提出的。

第四，"安全密钥交换机制"（SKEME），该协议是由 Hugo Krawczik 提出的。

第五，"Internet 安全条例及密钥管理协议"，该协议是由 NSA 提出的。

第六，"OAKLEY 密钥决定协议"，该协议是由 Hilarie Orman 提出的。

需要注意一点，除了 MKMP 之外，所有的协议无论是相同的部分，还是不同的部分，都必须覆盖一个公钥基础设施（PKI），而且 PKI 必须是完全可用的，之所以把 MKMP 排除在外，是因为它本身只是假定的主密钥，用户可以自主的进行该项操作。SKIP 需要依赖于 Diffie-Hellman 证书才能运行，除了 SKIP 之外的其他协议，都需要依赖于 RSA 证书才能运行。

1996年，IPSEC 工作组明确了选择 OAKLEY 当管理密钥，这个密钥在 ISAKMP 当中应用，它是第一个使用 SKIP 机制进入 IPv6 网络和 IPv4 网络的密钥。经过不断努力，ISAKMP 与 OAKLEY 已经实现了组合。Photuris 协议对所有的会话密钥使用的都是 Diffie-Hellman 密钥的交换方式，除此之外，还需要明确 Diffie-Hellman 参数，这样做可以将中间攻击消除掉。这样的组合需要 Diffie、Wiener 和 Ooschot 通过通用协议的方式完成。除此之外，Photuris 当中引进了"cookie"交换体系，该体系的引入是为了清除掉系统中的障碍。

Photuris 需要对各个会话密钥进行 Diffie-Hellman 密钥交换，此状态可用于完整的转发安全协议、进行回转保护(BTP)。在实施过程中，如果系统受到攻击，则可以破解长效私钥，如 Diffie-Hellman 密钥在一定条件下，攻击者可以作为密钥用户，被攻击者可能无法获取要发送和接收的数据信息。需要注意的是，SKIP 协议并不运用 BTP 和 PFS。尽管 SKIP 运用的是 Diffie-Hellman 密钥交换方法，但在此种情形下，密钥交换不可见，也可以说，BTP 和 PFS 可以借助证书的相关内容，了解彼此的 Diffie-Hellman 公钥信息，对主密钥进行共同隐藏，主密钥的作用是将加密的密钥和未加密的密钥分开，Diffie-Hellman 密钥若发生泄露，则所有受保护的密钥都将被解锁。此时，SKIP 失效，不能再以安全为基础，各 IP 的加密功能弱化，只能执行个别加密行为。

SKIP 协议并没有给出 BTP 和 PFS 的使用前提，所以是 IPSEC 工作组关注的焦点。它还增加了协议范围，并试图将其赋予 BTP 和 PFS 的使用权限，但随着协议范围的扩大，用 BTP、PFS 功能协议成为无条件、无效的连接使用。SKIP 中加入的 BTP 和 PFS 功能，与 Photuris 相似，主要区别是 SKIP 运用之前的 Diffie-Hellman 证书。RSA 证书在 Internet 网络中被广泛使用，因为比其他证书更实用。如果人们要更好地使用 Internet 网络，应使用相应的 Windows 或 DOS 版本。然而，这些应用程序会伴随一些问题，Internet 层安全协议应用的重要问题，是 PC 端不使用 TCP/IP 协议的基本条件，为了处理这一问题，Bellovin 与 Wagner 设计了一个匹配的 IPSEC 功能模块，在正常情况下，其功能类似于 IP 应用层下的程序。

互联网网络层是透明的，安全性能较高，不会因其他事物改变而发生变化，所以具有很强的稳定性。其主要缺点是 Internet 层不能区别对待不同的服务条例与进程，其具有一致性，对任何数据包均运用统一的措施进行加密与访问，所以不提供较为特殊的功能。对于这一问题，RFC-1825 可以允许用户运用密钥进行分配，不同的用途对应不同的密钥，但是此类操作离不开容量较大的系统内存做保障。IPSP 协议规范体系已经完成，但密钥管理环境一直变化。针对这个问题，还有很多工作要做，现阶段，尚未解决的主要问题是如何在 Multicast 协议条件下运用分配密钥。

Internet 网络层的功能，为主机提供了一定的安全性，有了相应的安全措施协议，可以借助在 Internet 层上建立虚拟的局域网、有一定安全性的 IP 通道，进行协议实施，如可运用对 IP 数据包的加密进行防火墙保护，从而提升其保护功能，现在大部分厂商已经在推广运用，如 RSA 公司。

2. 传输层的安全防护

网络在编写交互程序时，与各级安全协议的常用通道是，通过进程间（IPC）机制对接。UNIX 机制中的 V 命令，可以找到两个 IPC 编程界面，分别是 BSD Sockets 与 TU。

Internet 上提供安全服务的主要机制，是通过双重的实体认证、交换数据密钥，加强 IPC 编程，如 BSD Sockets 等。基于上述机制，以 TCP/IP 提供的可靠服务为前提，Netscape 公司进一步开发出安全套接层协议（SSL），并于 1995 年 12 月对 SSL Version 3（SSL V3）进行更新，包括两部分协议：首先，SSL 记录协议主要是分段拦截应用程序所提供的信息，进行压缩认证与数据加密。这一版本支持使用 SSL 中的握手协议协商数据密钥交换，支持 MD5 和 SHA（用于数据认证）、R4 和 DES（用于数据加密）。其次，SSL 握手协议主要是进行身份认证，同时实现密钥与版本号的交换，对算法进行加密。值得注意的是，该版本支持基于 RSA、Fortezza Chip 芯片的密钥交换机制，也支持 Diffie-Hellman 密钥交换法。

现阶段，可以供公众使用的是 Netscape 公司提供的 SSL 参考实现（称为 SSLref），以及名为 SSLeay 的免费 SSL 实现版本，两者都可以支持任何 TCP/IP 应用程序中的 SSL 功能。每个应用程序，若运用安全套接层协议（SSL），则有一个由 The Internet Assigned Numbers Authority（IANA）分配的固定端口号，例如，HTTP 使用 SSL 的端口是 443；SMTP（SSMTP）使用 SSL 的端口是465；使用SSL的NNTP（SNNTP）端口是563。

微软公司已经发布SSL2改进版本，可称作PCT（私有通信技术）。就应用的记录格式来看，PCT和SSL有较高的相似性，主要区别在于版本号字段的显著位，其取值不相等，SSL为0，PCT为1，根据差异，可以支持协议的两个版本。

1996年4月，IETF将开发传输层安全协议（TLSP）的权力授予传输层安全（TLS）工作组。该协议在许多领域与SSL类似，从而帮助其作为标准提案，正式提交于IESG。

Internet层安全机制具有的主要优势之一就是透明性，能保障应用层不会受到安全服务的影响，不会发生改变，但是只能保障应用层，无法保障传输层。从理论的角度来讲，所有的TCP/IP应用程序只要对传输层进行安全协议的应用即可达到要求。所以，传输层安全机制的缺点就显现出来了，如需要对传输层IPC界面的修改、应用程序两端的更新。但是，和Internet层和应用层安全机制做比较的话，我们会发现它的变化不是很明显。与此同时，以UDP的通信安全机制为前提进行传输层的构建，有较大的难度，但是，传输层具有的安全机制可以提供进程，而不是主机方面的安全服务，这一点是传输层的优势，Internet层的安全机制无法做到这一点。

3. 应用层的安全防护

主机（或进程）之间的数据通道可以通过网络层（或传输层）的安全协议，增加其安全保障能力。从本质上说，实际的（或机密的）数据通道仍是在主机（或进程）之间建立，但是没有办法区分通过一个通道传输的特定文件的安全性能。例如，对于在主机A和主机B之间建立的IP通道，通道上的所有IP包均是自动被加密。例如，对于进程A和进程B之间通过传输层安全协议建立数据通道，通道上的所有信息也是自动被加密的。

应用程序层的安全服务，是实现单个文件安全的灵活方法。例如，电子邮件系统若是需要对某封发出信件的某段实施数据进行签名处理，在这种情况下，低一层协议的安全功能并没有办法知道发出信的段落结构，因此不能发出下一条指令。在这种情况下，借助应用层才可以实现安全服务。

一般而言，以应用层为基础进行安全服务的提供，有几种操作是可行的，一般大型的比较重要的TCP/IP应用会使用分别修改所有应用和应用协议的做法。在RFC-1421到RFC-1424中，IETF指出，以SMTP为基础的电子邮件系统可以选择使用私用强化邮件的方式为用户提供安全服务。若PEM想要被快速接纳，就需要借助PKI也就是公钥基础结构，在此基础上才有可能被Internet业界较快地采纳。PEMPKI可以进行操作，也是既定存在的，根据组织可以将其分成三个层次：第一层次，顶层，该层是Internet安全政策登记机构（IPRA）；第二层次，次层，该层是安全政策证书颁发机构（PCA）；第三层次，底层，该层是证书颁发机构（CA）。

想要建设符合PEM要求的PKI，需要多方主体达成一致的见解，建立信任关系，但是多方之间的信任与合作往往涉及诸多因素，也正是因为这一点，此项工作的进程很慢。在这漫长的发展中，人们开发了一个软件包PGP。这个软件包与PEM当中的规定大部分是吻合的，不仅如此，它还没有对PKI提出要求。PGP使用的是分布式的信任模型，这种方式的模型由用户自主进行选择信任与否，软件包不会要求全局性，它主要是对用户进行引导，让用户自主建设信任网络。

企业集成技术公司设计的S-HTTP比运行于Web的超文本传输协议（HTTP）的安全性更高，它有文件级机制，并可以为各种单密钥系统、各种单向散列函数、数字签名系统提供一定保障。通过强化版本协议，可将各文件设置为私有或签名状态，同时发送方和收件方可以在通信过程中协商算法、实施加密工作。

自从网络安全标准需要由WWW Consortium、IETF等标准化组织设立，需要认识到其重要性，而且在设立过程中，标准化过程相对较长，所以标准尚未出现。比较S-HTTP和SSL，可以发现，它们只是从不同的角度提供Web安全。前者使用私有和签名的标准，区分单个文件；后者使用私有和认证标准规范进程间的数据通道。由Terisa开发的SecureWeb工具包涵盖加密算法库（viaRSA数据安全），提供对SSL和S-HTTP的全面支持，以及对任何Web应用程序的安全功能。

另外一个比较有代表性的应用是信用卡交易。MasterCard公司携手IBM、Cybercash、Netscape和GTE共同研究建立了安全电子付费协议（SEPP），该协议的主要目的是保障信用卡的交易安全。除此之外，Visa国际公司联手微软等公司研究制定了安全交易技术协议（STT）。不仅如此，MasterCard公司、Visa国际公司及微软公司联手达成协议，共同推出网络信用卡线上版的安全交易服务，并且制定了安全电子交易（SET）协议，协议对信用卡持有者的消费方式做出了规定，由机制后台的证书颁发区域为X.509证书提供支持的基础结构。

以上安全性能保证应用需要独立修改才能工作。为了解决这一问题，需要开发统一的修改方式。安全Shell（SSH）由赫尔辛基大学开发，允许用户登录到远程主机上，执行命令，传输文件。SSH完成主机-客户端身份验证协议、密钥交换协议，可以在网上免费使用，也可以使用Data Fellows包装的商业版本。

按照上述思路，接下来是构建可供应用编程认证、密钥分发的系统。该系统可以为任何的网络应用提供安全服务。在广泛运用后，出现比较成熟的分配系统，并对新的配送系统进行修改和扩展。但是，目前的身份验证和密钥分配系统在Internet上并不是十分流行，因为它们需要对应用程序本身实施更改，所以开发标准化的安全API非常重要，对此，开发人员可以对应用程序进行更改。这项工作的一个重要进展是开发通用安全服务API（GSS-API）。对于非安全专家程序员来说，GSS-API（v1及v2）的技术性过于明显，但是得克萨斯大学奥斯汀分校研究人员研发了一种新的安全网络编程（SNP），其级别比GSS-API更高，极大地促进网络安全相关工作的开展。

三、计算机网络协议的安全防护

（一）计算机网络IP协议的安全防护

通常来说，唯一判断主机的标准为IP地址是32位的。每一个IP数据的组成一般都是20个字节，这些字节包含32位的目的IP地址、32位源IP地址及信息控制的字段等，信息主要指的是IP的配置、长度和版本等。全部的IP数据都是独立的，在不一样的主机中进行传递，主机能够整理和反馈IP数据包。该结构是开放的，在运用期间很容易被黑客进攻。

黑客对计算机进行攻击的主要途径与手段为替换源IP地址。此时，主机不能判断出来IP地址的真假，便可能点击到黑客安排的IP。为了对IP地址的真假进行判断，我们可以设置一些检测，但是黑客可能会更改进攻的方式，通过进攻安全检测的数据包从而进攻计算机的系统。

（二）计算机 TCP 与 UDP 协议的安全防护

1. 计算机 TCP 协议的安全防护

一台以上的计算机若想通信，则应该借助 TCP 来连接。在完善系统的时候进行连接，能保障 TCP 的传输。以 TCP 为基础产生了 FTP 协议，在传输数据期间可能会丢失数据，这个时候 TCP 就会开启进程。TCP 协议在网络中的应用非常广泛，SMTP、HTTP 和 FTP 都是以 TCP 为基础开展工作的。

（1）TCP 握手。TCP 的握手过程就是建立连接的过程，也可以说是理解 TCP 流量的过程。黑客最爱攻击的就是这个过程，所以，在使用期间应该定期进行维护和监测。

（2）TCP 报头。在 TCP 报头的标记区，建立并中断一个基本的 TCP 连接，应该做好三个标记：一是 SYN，要标记同步序列号；二是 HN，要标记发送者已发出去的最后字节流；三是 ACK，要标记数据包里面的确认信息。另外，还要完成三个标记：① URG，标记紧急指针字段有效；② PSH，标记本段的请求入栈；③ RST，标记连接复位。

（3）建立 TCP 连接——SYN 与 ACK。在建立 TCP 连接之前，应该进行三次握手进程。以下是主要的进程：

一是客户端或请求端会激活 TCP 包头的 SYN 标记，借助 Active Open 进行操作，组成 TCP 包头的主要部分是端口编码与 ISN 编码。系统在编排端口编码与 ISN 的时候都是随机进行的，目的是传输客户端与服务器的数据。

二是服务部把 SYN 输送给客户端，并利用 Passive Open 展开操作，包含服务器的 isn 与客户端的 ack。

三是客户会在最后把 ACK 反馈给服务器。如今，服务器能利用比特流和客户端进行连接，同时能传输数据。

（4）中断 TCP 连接：ACK 和 Fin。因为 TCP 是全双向连接，所以中断 TCP 连接需要进行四个步骤的操作。全双向连接的数据能够进行独立流动，并且在两个方向选择上是自由的，如果需要中断 TCP，必须保证两个连接都是关闭状态。发送所有主机的 Fin，是将 TCP 连接准确中断的前提，主机接到 Fin 指示后，会向程序发送 Fin，并且不再向其他主机传输数据。所有应用程序的两个方向上的数据流也会被中断。

下面是四个结束 TCP 连接步骤：

第一，服务器将 Fin 标记激活并对一个 Active Close 进行执行，服务器流向客户机的数据也因这一行动而终止。

第二，客户端将一个 ACK 发送到服务器上，执行 Passive Close。

第三，客户端向服务器发送自身 Fin，进而将客户端流向服务器的数据流终止。

第四，服务器会反向给客户端传送一个 ACK，终止 TCP 连接。

2. 计算机 UDP 协议的安全防护

UDP 的连接是非面向连接，通常会应用在音频或视频类型的广播类型协议中，会应用较少的宽带，拥有较快的速度，是因为 UDP 并不是持续连接。UDP 相比于 TCP，无法对信息进行存储。当信息中断后，UDP 也无法再次传送信息。

FTP 和 TFTP 的工作是通过 UDP 协议进行的，相比之下，UDP 拥有更加简单的操作模式。如果不对认证加以强调，UDP 的功能是强大的。UDP 要求准确传送所有的包，与 TFTP 协议相同，但是这些协议的接收和传送只存在于应用层。UDP 的协议安全性较高，主机将其发送之后，无需被反馈，因此病毒很难在这一过程中侵入。

3. 计算机 TCP 和 UDP 的端口协议安全

TCP 和 UDP 有一个共同的端口概念。TCP 或者 IP 在运行的时候，主机的其他应用程序也被激活，这些程序应当同时运行，这样才能保证通信功能的实现。每个程序都有自己的 TCP 或 UDP 端口号，这样才能确保信息引导准确。当主机接收到网络上传输过来的数据时，就有与之匹配的端口号，再将信息传递给程序。经过长时间的发展与努力，目前对常见端口号设定了统一标准。

TCP 可以使用 6 万多个端口，UDP 和 TCP 可使用的端口数一致。排在前面的 1023 个端口在 The Internet Assigned Numbers Authority（IANA）上被称为"well-know 端口"。这些端口是对服务器进行服务的。装在服务器上的程序可以绕过 IANA 申请，直接使用未被限制的 1023 个端口中的任一端口或者

1023个端口之外的其他端口，这样做是为了保证数据的安全，所以要对网络数据的去向进行探索和追踪。

（三）Internet 控制消息协议（ICMP）的安全防护

Internet 对信息协议的控制主要在 IP 层，用于检测有关的问题与其他条件。通常来说，IP 包头在扩展以后会产生涵盖几层的 ICMP。ICMP 信息有很强的实用性，如 ICMP 信息能判断 Ping 主机的运行情况。这个时候，Ping 主机会向远程的主机发送申请，远程主机的 ICMP 信息会进行处理和反馈。若 ICMP 信息被不法分子盗取，则他们可能会利用该信息展开远程攻击。最近几年，Tribal Flood Network（TFN）系列程序将 ICMP 信息用于宽带的消耗中，从而摧毁网络基站。ICMP 如果想发起进攻，就需要调用微软的 TCP 与 IP。计算机的原始版本一般都会运行旧版本的 TCP 堆栈，若不能处理好这种 ICMP 信息，则会拒绝请求，系统便有可能崩溃。

这种进攻第一次出现在 WINNUCK 中，所以又叫"WINNUCK 攻击"。微软到现在都不具备传输与处理相关 Ping 要求的信息能力，因此，微软把全部调用 ICMP 请求的命令都筛选出来，有部分公司的防火墙也在使用这种配置，导致 ICMP 信息不能顺利地进行传输。

在 IP 包的封装中还有 ICMP 报文。从 RFC-791 说明中可知，IP 包中有 20 个字节的报头长度，全长共 65535 个字节。发送者会对长于 mtu 的包进行分割，使其变成很多小一点的包，接收者对小包进行接收以后会对被分割的包进行重新装配。

1. Ping of Death

Ping of Death 是利用长的 Ping 也就是 ICMP ECHO 请求包的需求，展开分段弱点实现的进攻。

ICMP echo 请求包涵盖 Ping 请求数据的字节与 ICMP 爆头信息，爆头信息的长度有 8 个字节。因此计算可知，允许的最大数据区范围是 65507。但问题是，在分段方法下，数据的字节长度可能产生超过 65507 的非法 ICMP echo。分段方法在确定重新装配时刻段位置时，应该依据所有段的偏移量。因此，最后一段有可能会对有效偏移量与适当的段长度进行组合，致使偏移量和段长度的总和能够大于 65535。由于普通机器在对包进行处理以前，会重新组合全部接收到的分段，因此存在这样一种可能性：16位内部变量的溢出，导致出现系统崩溃、重新启动等不受控制的行为。若想临时中断Ping of Death，则需要在企业的网络入口设定终止Ping包进入的程序。但是，只有让tcp/ip程序在IP存储分段正常地运行的时候，才能彻底解决这个问题。

2. SMURF 攻击

黑客把有欺骗性的ICMP echo植入到广播地址中，请求带来SMURF进攻，从而把欺骗性的包传递到用户地址中，欺骗用户。若是在广播地址路由器的设备中对Layer3与Layer2广播进行执行操作，全部IP网络中的大多数主机都会响应有欺骗性的ICMP echo，期间的回应会把通信量大大提高。Echo包若是出现在多路访问的广播网络中，则会在同一时间内接收到上百台电脑的回应。

3. teardrop.c 攻击

teardrop.c能利用重新装配的错误展开恶性进攻，它能干扰与进攻分段不一样的程序的工作。其中，newtear.c程序最具有代表性，它和别的程序都不一样，第一个分段的偏移是从0开始的，第二个分段则是在TCP包头中。

早期的teardrop.c程序中一般都会运用分段的ICMP，现在的技术发展越来越快，已经出现了很多类型，但它们依然将IP层结构作为进攻的目标。

为了防止黑客进攻广播地址，我们可以把网络设备关掉，从而终止进攻。但这并不是最安全、最有效的方法，只有在重组期间让IP或者TCP重叠IP分段，才是最安全的。

（四）简单邮件传输协议（SMTP）的安全防护

SMTP没有较大的被破坏风险，但是黑客不仅会对其进行破坏，还会同时破坏E-mail服务器D Sendmail，这种操作基于Unix系统操作，能够保证系统的顺利运行。D Sendmail最初存在许多安全问题，其安全性在技术发展过程中逐渐得到保障。通常来说，黑客会通过各种形式攻击SMTP服务器。例如，他们可能对E-mail信息进行伪造，使SMTP服务器被直接侵入，可能会有部分社会工程信息存在信息中。SMTP服务器能够对服务攻击进行拒绝，但是，也会同时存在另一种隐患，黑客会向SMTP服务器植入许多E-mail信息，混淆处理系统的运行，使合法的E-mail无法得到正常处理，进而损失整个 SMTP 的服务器功能。

SMTP 还会对特洛伊木马和其他病毒进行接收与发送。E-mail 信息对接收人、地点和时间等简单的标题信息进行表达，但标题可能会被胡乱改动。正文是主要的邮件信息来源，是另一个邮件部分，其呈现通常会依照标准的文本形式，现代科技可以通过邮件将 HTML 格式信息发送。代码并不存在于 E-mail 邮件的正文和标题中，避免了特洛伊木马和其他病毒的出现。但是，附件中经常出现特洛伊木马和其他病毒。

邮件附件的类型和数量有多种，特洛伊木马和其他病毒可能会以这种形式发送。要解决这一问题，最好的办法是安装具有扫描功能的 SMTP 服务器。另外，还可以对用户进行安全知识普及，将病毒侵入形式和原理讲述给用户，使用户能够有效进行防御。

（五）文件传输协议（FTP）的安全防护

FTP 包含两个构成部分，分别为客户端和服务器，能够使 TCP/IP 连接建立后获得文件传输功能，在每个 TCP/IP 主机中都存在 FTP 客户端。FTP 是利用 TCP 21 端口建立连接的双端口连接通信方式，这个控制端口在 FTP 会话中的开启状态是持续的，能够使客户端的面临控制和服务器与客户端之间信息的传输得以实现。临时端口是实现数据连接的主要工具，每次将这一传输操作运行于客户端和服务器之间时，都需要进行数据连接。FTP 能够对信息进行接收和传送，一般不会被黑客所使用，其内部网络不会被轻易破坏。所以，对于这部分的服务器，黑客会进行间接攻击。有时，FTP 服务器不需要认证客户端。在必须认证时，会通过明文进行账户和密码的传输，当黑客破坏 FTP 服务器时，会匿名连接，向电脑硬盘中传入错误信息，使硬盘过载，导致系统无法正常运行；还会通过类似的方法攻击 FTP 服务器的日志文件，直接跳过日志文件检测进入操作系统。还有一种 FTP 服务器的破坏方式，即向服务器复制盗版软件。某个黑客会向其他黑客交接该 FTP 服务器，接收服务器的黑客能够上传或下载软件和资料。表面上看，黑客并不会攻击所有服务器，但是在不知不觉中，黑客已进行了非法操作。

（六）超文本传输协议（HTTP）的安全防护

HTTP 协议在网络上被广泛应用，50% 的互联网流量活动都会应用 HTTP 协议，这种协议的数据传输和连接利用的是 80 端口。HTTP 有两个方面的安全隐患：协议上的信息可能会被浏览器的应用程序进行格式化操作。这种协议是客户端、浏览器在 HTTP 服务器外部的浏览器应用程序、客户端应用程序之间进行信息接收和访问的表现。

HTTP 服务器中的内容与 FTP 服务器中的内容相似，对这些内容的保护应当十分谨慎。Web 用户会将请求指令发送到 HTTP 页面，HTTP 服务器会向客户端传送硬盘中的反馈页面，客户端会格式化处理该页面。但是，这些 Web 服务器无法将大量的实践经验传送给用户，是服务功能的简单性所造成的。只有将 HTTP 服务器植入拓展应用程序中，才能使 Web 服务器功能得到增强。

安全漏洞问题存在于所有的程序中，Web 服务器程序可能在执行代码过程中受到破坏，篡改 HTTP 服务器相关程序，还可能向服务器中植入特洛伊木马病毒。

第二节　计算机局域网与防火墙安全防护

一、计算机局域网安全防护

局域网是因特网中的一个重要组成部分，最近的几年里，它迎来了快速发展期，已经应用于各行各业，并且承担了主要的经营、管理功能。它是现代企业中非物质类资源的主要存储设备，它的重要性使得人们一直关注它的安全问题，如果局域网出现了安全问题，不仅会造成局域网本身损坏，也会对整个网络产生不良影响。

（一）计算机局域网的认知

局域网定义主要涉及两个方面：一方面，功能性定义，指局域网是由一定范围内的多台计算机互相连接形成的一个计算机组。功能性定义指出，局域网具有的功能是进行文件管理、共享软件和打印机、传输电子邮件、传真以及进行小组内的日程安排，局域网本身是封闭的，构成局域网的计算机数量不定，少则两台，多则可以达到上千台。另一方面，技术性定义，指的是局域网是通过电缆无线媒体或者光缆这样的特定类型的传输媒体和网络适配器的连接而组合形成的受网络操作系统监控的一种网络系统。两个定义的角度不同，从不同方面介绍了局域网，功能性定义是从局域网服务以及局域网的外部行为角度进行阐释的；技术性定义是从局域网的构成基础和构成方法的角度进行阐释的。

1. 局域网的拓扑结构

传统的局域网的拓扑结构形式较多，有星型、总线型、环型和树型等结构，覆盖范围一般只有几千米。

（1）星型拓扑。星型拓扑是目前局域网最常使用的结构。它采用双绞线，将多个计算机、网络打印机等端节点设备与网络中心节点（集线器）相连接。所有计算机之间的通信，都必须经过中心节点，因此，这种结构的网络便于集中管理和维护，网络的传输延迟也较小。并且任何一个端节点出现故障，都不会影响网络中的其他端节点，但如果中心节点出现故障，将会使整个网络瘫痪。

（2）总线型拓扑。总线型拓扑是采用一条总线将多个端节点设备连接起来。总线可以是同轴电缆、双绞线，或者光纤。传统的局域网 IEEE 802.3 标准，采用的是同轴电缆。由于总线型的网络中所有节点的通信共用一条线路，而线路的容量是有限的，因此，总线型网络对节点的数目是有限制的。另外，由于信号在线路上会有衰减，因此一条总线的长度也是有限的。

总线型网络的特点是没有中心节点，任何一个节点故障都不会影响整个网络，可靠性高；不需要额外的设备，电缆长度短、易扩充、成本低、安装方便灵活。但由于节点共用一条电缆，需要轮流使用电缆，因此，不能全双工通信，且实时性差。

（3）环型拓扑。环型拓扑是指多个用户的端节点设备通过干线耦合器连接到一个闭合的环形电缆上。在环型电缆上，信号只能沿一个方向传播，环上的端节点依次取得通信权限。当一个端节点设备 A 取得通信权后传送数据时，将数据送上电缆，数据沿着既定的方向传到下一个端节点 B。节点 B 暂存数据并检查自己是不是目的节点，如果是，则保留数据，不再将数据向下一站传送；如果不是，则继续将数据传送向下一个端节点，直到返回到端设备 A。

环型结构的典型网络是令牌网。在实际应用中，环型拓扑并不是真的将设备通过电缆串起来，形成一个闭合的环，而是在环的两端安装阻抗匹配器，来实现环的封闭，形成一个逻辑上的环形结构。因为在实际组网过程中，由于地理条件的限制，很难真正做到环在物理上两端闭合。

（4）树型拓扑。树型网络拓扑是从总线型拓扑演变而来，形状像一棵倒置的树，顶端是树根，顶端以下带分支，每个分支还可再带子分支。树型网络拓扑是根据总线型的结构特点进行扩展的。它以总线网为基础，依赖分支的形式进行介质的传输。它的分支数量很多，但是分支线路是开放的，不会形成闭合回路。树型网本质属于分层网的一种，它的结构是对称的，不同层次的网络连接之间相对固定，而且网络本身有一定的容错能力，当其中的一个分支或者一个节点发生故障时，不会对其他的分支和节点产生影响，而且每一个节点都可以向外传输信息，让信息在整个传输介质当中流通，可以说它属于广播式网络。

2.局域网的扩展

一个企业往往拥有多个局域网，通常需要将这些局域网互联起来，以实现局域网间的通信。局域网扩展是将几个局域网互联起来，形成一个规模更大的局域网。扩展后的局域网仍然属于一个网络。常用的局域网扩展方法有集线器扩展、交换机扩展和网桥扩展。

（1）集线器扩展。集线器是一种中心设备，是早期组建以太网的常用设备。由集线器构成的局域网在物理结构上是以集线器为中心设备的星型结构，但实质只是将总线隐藏在集线器内部，在逻辑上仍然是总线型结构。集线器一个端口连接一台工作站或另一台集线器，在一个端口上发送数据，所有的端口都能收到。集线器的端口数有8、12、16、24不等。

在办公环境下，工作站往往集中在几个办公室中。在每个办公室中用一台集线器连接所有工作站构成一个局域网，再将几台集线器连接起来就共同组成了一个较大的局域网。

集线器扩展局域网存在一些缺陷：多个子级的局域网组成一个大的局域网，其冲突域也相应地扩大到了多个局域网中。在这样的扩展局域网中，任何时刻只能有一台主机发送数据。

（2）交换机扩展。局域网交换机是以太网中心连接设备，它有若干个端口，工作站通过传输介质接在端口上，组成局域网，整个网络构成一个星型结构。它的工作原理类似于电话交换机，是在交换机中将一对欲通信的节点连接起来。交换机的特点是按需连接，利用这一特点可以将不同地域的工作站由交换机连成一个网络，用交换机实现虚拟局域网工作组 M（Virtual LAN，VLAN）。

（3）网桥扩展。网桥是一种局域网扩展硬件设备。网桥有若干个端口，每个端口连接一段局域网，网桥本身也通过该端口的连接成为该网段中的一个工作站。一个网桥能够同时成为几个网段中的成员，成为这些网段连接的桥梁。网桥能够把一段局域网上传输过来的数据帧转发到它需要去的另一段局域网上，从而使所有连接网桥端口的局域网段在逻辑上成为一个扩展局域网。网桥只在必要而且可行的情况下才转发帧，并且网桥连接的局域网段两两之间的数据帧转发可以并行进行。网桥转发数据帧时，端口之间仍然是隔离的，因此，网桥扩展的局域网不会像集线器扩展局域网那样，扩大冲突域。

（二）计算机局域网的安全措施与管理

1.计算机局域网安全措施

局域网安全方面的技术需要加强，我们必须利用其他的网络技术保护局域网以及局域网中信息的安全。如果是大规模的局域网，可以使用以下方法和措施：

（1）规划网络。根据用户的不同，将其划分为不同的网段，并且要控制用户的访问权限。

（2）定期进行缺漏的排查。如果发现重要的网段当中存在缺漏，那么应该及时进行修复和处理，并且形成修复报告，修复报告可以当作是重要的信息参考。

（3）建立 Windows Server。它是 Windows 的一种内部服务器，它的存在可以对网络漏洞及时地进行修补。

（4）设置对无线网络和有线网络都有效的安全认证机制。机制的存在是网络实行有效接入认证服务的保证。

（5）建立行为管理机制。将局域网当中的有用数据及有价值的信息提取出来，然后分析数据及信息。

（6）建立网络安全门户网站。网站的建立是为了将与网络信息安全有关的信息发布并进行宣传。

（7）如果局域网受到了攻击，为了保护信息，我们应该建立有关内容、日志及配置的备份体系。

（8）建立预警机制及入侵监测系统，为局域网的安全提供更多的保障。

（9）建立防火墙系统。防火墙系统的设置是为了更好地进行安全隔离，当某一个区域出现问题的时候，可以避免其他区域受到不良影响的波及。

实行上述措施之后，局域网会变得更加安全，会成为集预防、检测和恢复于一体的综合平台。

2. 计算机局域网安全管理

日常生活以及工作中会出现很多安全问题，也会存在一定的安全隐患，之所以会出现这样的情况，主要原因是管理不到位，局域网也是一样的。局域网当中信息安全的保障最主要的一点是进行管理，要重视管理，人们经常说"安全工作三分靠技术、七分靠管理"，这足以证明管理对于安全维护的重要性。

虽然可以依靠一些网络技术来维护局域网的安全，但是不可以因此就忽略了对局域网的管理，虽然技术可以在一定程度上维护信息的安全，但是需要通过管理来让技术发挥它的安全保障作用，只有管理是有效的，安全技术的作用才能最大限度地发挥出来，也就是说，必须落实管理工作，只有这样保障才是切实有效的，网络才能安全地运行。对于网络管理体系来说，信息安全管理是非常重要的一个组成部分。

信息安全管理主要是对网络特性展开管理，为了更好地保障局域网的安全，需要建设网络管理中心。网络管理中心的建设是为了解决三个问题：①组织问题，网络管理中心的建设包括信息安全组织结构的建设，有了结构的存在，相关的责任便会落实；②制度问题，制度的建设是管理工作开展的保障；③人员问题，需要对网络管理中心的管理人员进行定期及至长期的管理培训及教育，人员的安全意识提升了，网络的安全才能得到更好的保障。

（三）计算机局域网的网络监听协议

使用何种方式对网络当中的传输数据包展开分析，主要看我们可以使用哪些设备。在网络技术的发展初期，我们使用的设备是集线器，这种设备的使用只需要把计算机和集线器用网线连接起来即可。协议分析发挥作用依靠的是对网络当中流量的分析。如果在网络运行期间我们发现有一段网络报文发送速度变慢，但是我们无法得知原因是什么，这时就可以利用协议进行分析判断。如数据包探嗅器等。

数据包探嗅器主要有两种类型：①商业类型，这一类型的数据包探嗅器的用途是维护网络安全；②地下类型，这一类型的数据包探嗅器的用途是入侵其他的计算机。

数据包探嗅器主要有六个方面的用途：①可以对网络当中的失效通信展开分析；②可以判断是否存在网络入侵者；③可以转换数据包信息的读取格式，让数据包信息的读取更加方便；④可以对网络当中的通信瓶颈进行探测；⑤可以将网络当中有价值的信息提取出来；⑥记录网络通信，目的是掌握入侵者的路径。

（四）计算机无线局域网的安全防护

受限于有线网络的局限性，人们在日常使用时多有不便，伴随网络技术的不断进步和发展，人们发明了无线局域网，无线局域网方便快捷，人们非常喜欢使用。无线局域网被发明后快速发展，不过，无线局域网不能独立出现，它必须以有线网络为依托，无线局域网具有方便灵活的特点，极大地促进了网络的应用。从专业的角度来说，无线局域网的基础是无线通信，多种不同设备之间的通信在无线局域网上具有个性化、移动化的特点。换言之，无线局域网的诞生结合了无线通信技术和网络技术。无线局域网下实现以太网互联功能的通信方式不需要安装网线同轴电缆、双绞线等，传输介质是传统局域网系统不可或缺的，而无线局域网进行数据信号传递时需要依赖射频技术。

1. 无线局域网的安全目标

与传统有线网络相同，无线局域网也有相应的网络安全目标，具体内容包含以下五点：

（1）可靠性。无线局域网安全的可靠性是指基于给定的条件和时间要求，网络系统可以实现相应的功能。

（2）可用性。无线局域网安全的可用性是指实体用户被授权以后可以访问网络信息系统，同时，实体用户访问网络时可以根据需要进行调整。

（3）保密性。无线局域网安全的保密性是指只有获得授权的实体用户可以通过无线局域网使用访问服务，而避免将网络信息泄露给其他人。保密性是维护信息安全的重要目标，同时也是信息安全系统运行的基础。

（4）完整性。无线局域网安全的完整性是指修改网络信息需要得到授权，如果没有授权，那么已经输出的信息或者处于传输过程中的信息无法被修改，信息也不会遭到破坏和丢失。

（5）真实性。无线局域网安全的真实性是指信息在网络信息系统中进行交互传递，在此过程中，任何操作步骤都会被系统记录下来，无法否认和推卸。

2. 无线局域网的安全问题

相比于传统的有线网络，无线网络面临更加复杂的安全问题，由于入网方便，黑客和病毒等也会进入网络而难以察觉。因此，无线网络面临的安全问题有如下几个方面：

（1）网络资源的暴露。黑客可以利用无线网络连接进入其他人的无线局域网，像正常用户一样拥有访问整个局域网的权限。为了避免这种情况发生，无线局域网的用户或者管理员会采取相应的防范措施，如果侵入者拥有正常用户的权限，任意使用网络系统，必然会造成严重的后果。

（2）数据信息的泄露。数据文档通常涉及很多敏感的信息，例如私密的个人照片、产品的秘方、客户的详细资料等，数据文档本身是独立的，不需要实际的硬件、系统或者网络进行承载，所以，保护和防止电子数据文档不被盗取是十分重要的安全环节。其中很多操作都会引发信息的泄露，比如共享目录的公开使用、电子邮箱文件夹没有设置密码、未进行有效的备份、错误删除文档、以明文方式提交的在线表单、访问权限管理失控等。防护数据安全的手段具有不同等级，基于用户要求，防护重要和敏感资料时需要采用更加严格的措施，加强授权管控，因为如果关键的数据文档信息遭到泄露会产生无法想象的后果。

（3）网络安全威胁的存在。未经授权的实体用户会对数据资源的保密程度、完整程度、可用程度带来风险，即使合法使用同样会带来风险，这些都是无线网络面临的安全威胁。无线网络和传统的有线网络在传输模式上具有很大差别，因此它们面对的安全威胁也各不相同，强化日常网络安全保护手段和措施十分必要。

传统的有线网络和无线网络在网络连接上运用的技术手段是不同的，无线网络进行联网应用的是射频技术，因此，无线网络比有线网络面临的安全风险更大。信息系统的主要功能是向全网络提供各种服务，分辨访问是否合法十分关键，对于拥有庞杂用户群或使用人员的应用信息系统，例如各类网站、电子邮箱、FTP服务器等，维护网络安全具有核心意义。

3. 无线局域网安全技术的应用

应用无线局域网相关技术时会面临各种风险，为有效规避风险，安全的防护手段必不可少，实际操作中需从以下几个方面入手：

（1）进行数据的加密。无线网络实施数据的辐射、传播以覆盖范围内空气中的微波为媒介，任何无线终端设备均能接收数据，因此应用无线网络时会面临巨大的安全问题和风险，安全有效地防护措施必不可少，传输数据，特别是机密数据时必须进行加密，以此保障数据的安全。为了保障企业的各种利益不受损害，防止重要数据外泄，储存数据和传输数据时都需要应用加密手段实现有效的技术保护。加密数据有效阻止了入侵者盗取重要数据、篡改传输数据。

（2）进行访问权限的设定。无线局域网从早期应用时便已实施对访问权限的管控，其操作简便，对网络访问的权限进行简单设置后可以防患于未然。禁止未获授权的实体用户访问网络可切实保护网络内部信息数据的安全，设置终端访问权限可有效防御，同时，这种防御方式的成本低廉，因此得到了广泛的应用。

无线网络技术日新月异，网络组成结构越来越复杂，需要采取更有效的管控手段来维护全部系统内的网络安全。设置不同的访问权限便是一种重要手段，通过这种方式，可以防止黑客入侵。企业为了加强无线网络的安全机制可以更改验证机制，用"基于用户"的方式代替"基于设备MAC地址"的方式。

（3）进行无线局域网络系统的构建。随着无线局域网络技术在企业中的应用越来越普遍，构建网络信息安全系统保障信息数据的安全至关重要，这个系统有助于企业利用网络信息资源保护敏感机密数据，评估无线网络的危险因素和危险等级。比如，AP内部功能——动态管理钥匙，在阻止黑客侵入的同时还可以防止密钥获取时间短而导致的损害。企业构建无线网络安全管理系统和安全机制，既能够切实有效地降低安全事故的发生次数，又可以根据企业的发展需求更新、升级数据库。总而言之，提升网络安全防范需要进行持续的技术升级创新。

无线网络应用技术不断地推陈出新，与其配套的安全风险防控技术同样需要创新发展，只有采取最先进的技术手段进行防护，才能实现切实有效的网络监控和检查。

二、计算机防火墙安全防护

网络的快速发展引发了人们对网络安全的关注，网络安全策略主要是由防火墙发挥作用来保护网络不受攻击。防火墙是保护网络安全的第一道防线，好比进入网络的关卡，只有得到允许的数据才能通过，没有获得允许的数据不能通过，而且还会把不能通过的数据记录下来。

防火墙最初是建筑学领域使用的专有名词，指的是在高楼大厦中能够发挥隔离作用的墙体。如果遇到了火灾，防火墙可以将火势阻止在墙外。但是这里讨论的防火墙指的是网络安全中使用的防火墙，它可以将内部网络和外部网络隔离开。如果两个网络想要通信，就必须通过防火墙，防火墙会根据预先设置的要求来判断数据是否可以通过。

防火墙可以视为一种隔离控制技术，想要发挥作用需要使用相应的软件或者硬件，以此在不同的网络之间搭建通路屏障，从而达到阻截危险信息的目的。在制定具体安全策略的过程中，可以结合实际需要来控制外部的非法网络或者外部侵入者窃取网络内容，进而保障网络内部数据的安全以及系统安全。防火墙的构成组件相对灵活，可以是软件搭配硬件的组成结构，也可以只是软件。在以下几个方面的网络访问中，防火墙可以起到以下限制：外部网络访问内部网络资源的限制、用户在访问内部网络资源时的限制、限制用户可以访问的内部资源范围、内部网络访问外部网络的用户限制等。防火墙通常部署在网络的边界，用来隔离内部网络和外部网络。

（一）计算机防火墙的功能及类型

1. 计算机防火墙的功能

防火墙属于网络安全策略的一部分，设置在不同的网络之间，作用是控制信息、监测信息。防火墙遵循预先设定好的网络安全限制，只有符合网络安全机制要求的数据才能通过，所以，从这个角度来讲，防火墙控制的是对网络的访问。与此同时，它还有记录网络活动的功能。根据实际情况的不同，防火墙的具体功能也不同，但是都具有以下特点：

（1）过滤出入网络的所有数据信息。数据信息要想从网络中通过，必须经过网络边界的防火墙。防火墙会预先设定好信息通过规则，并且会按照规则对数据进行检查。不符合防火墙规则的数据信息会被拒之门外，通过这样的方法来保障网络安全。

（2）管理对网络的访问。通常情况下，大多数的数据传输都要利用网络服务才能实现，防火墙中设置了精心选择之后的应用协议，来自外部攻击者的脆弱协议无法通过防火墙的阻碍。

（3）对网络安全进行集中保护。防火墙相当于安全防治中心，防火墙系统中涉及很多安全功能，例如身份认证、查询口令、进行审计等。防火墙会将这些功能集中在自己身上，更有利于安全管理，成本较低，安全性较高。

（4）监控网络存取以及网络访问。对于防火墙来说，监控网络非常便利，而且一旦发现问题就会发出报警。与此同时，防火墙还会把所有访问记录下来，将网络使用的情况统计起来。它的这一功能非常有利于网络管理员的管理，可以满足网络管理员的网络安全需求。

（5）防火墙是 NAT 技术实施的最佳平台，可以在防火墙中进行网络地址的更换，可以把外部和内部的 IP 地址进行动态或静态对应，极大地解决了地址空间不足的问题。

2. 计算机防火墙的类型

防火墙有多种分类标准，按照不同的标准可将防火墙分成多种类型。

（1）根据防火墙采用的技术分类。不同的防火墙会使用不同的技术，根据这一点可以将防火墙分为以下两类：

首先，包过滤防火墙。包过滤防火墙位于网络层和传输层之间，它在判断数据与标准的相符度时主要参考的是以下指标：数据报源地址、端口号、目的地址、通信协议的类型。这种防火墙的优势在于它能够快速高效地进行数据包的处理，服务是公开透明的，用户不需要进入客户端更改。但是它也有不足之处，比如概念复杂，在配置方面容易出现问题，有一些伪造地址无法禁止，用户不能认证，不能享受日志服务，而且不拦截数据包，容易被攻击，数据面临更大的威胁。

其次，代理防火墙。这种防火墙存在于应用层，它的明显特点是可以进行定制化的代理程序设定，以此来满足不同的应用服务，还能在此基础上进行数据流的监视和控制。代理防火墙的优势在于能够对流量以及内容进行灵活监控，过滤出入内容，拦截违法的数据包，避免系统遭到数据驱动式攻击，与此同时，还能将所有的记录记下来。缺点在于无法限制所有的协议，而且底层协议的安全性也无法得到提高。除此之外，用户无法获得透明的代理防火墙，面对不同的服务器要求，处理速度比较慢。

（2）根据防火墙放置的位置分类。按照防火墙放置位置的不同，可以将防火墙分为以下三种：

首先，边界防火墙。这是在现实中使用最广泛的一种防火墙，它放置的位置是内网和外网的边界处，作用是将内网和外网隔离开来，以此来保证内网是安全的边界。防火墙通常情况下使用的是硬件形式的防火墙，它的性能比较稳定，吞吐的信息量也比较大。

其次，个人防火墙。安装位置是单个主机，它能保护的只有主机本身，大多是个人用户使用的，而且基本都是软件防火墙，通过网卡的全部网络通信都可以被防火墙监视。它最明显的优点是经济实惠、方便配置，但也有明显的缺点，很难集中管理，而且性能不是很好。

最后，混合防火墙。混合防火墙是防火墙体系，涉及很多软件和硬件，而且它的位置比较分散，在网络边界或主机上。它对内网和外网之间的数据以及内部网络主机之间的数据都会进行过滤，能够对范围内的网络进行整体的保护和监控，性能突出，但是价格略贵。

(二)计算机防火墙的体系结构

防火墙的体系结构是由组成部件以及组成部件之间的关系决定的。防火墙可以由路由器主机以及主机群组成,不同的组成部件能够发挥的保护网络安全的作用有一定的差异。要想更好地分析防火墙的体系结构,就必须先了解以下两个概念:

1.堡垒主机

堡垒(Bastion)的本义是城堡中非常坚固、可以抵御外来攻击的地方。这里谈论的堡垒主机指的是能够抵御外来进攻的、功能被强化了的主机。堡垒主机的组成有防火墙以及安全代理软件,但是堡垒主机并不具备IP转发功能。通常情况下,堡垒主机能够为内部网络和外部网络提供必要服务,不必要服务的增多会给堡垒主机带来更多潜在威胁。通常情况下,堡垒主机的位置在网络周边或者是非军事区,外来信息进入内部网络前必须经过堡垒主机的检查,堡垒主机可以对所有网络安全问题进行集中处理。

因为堡垒主机非常重要,所以需要对其进行特别保护。堡垒主机的配置应尽量简化,安排管理员对其进行专门保护,但即使如此,还是存在被攻破的可能,一旦被攻破,攻击者就可以任意访问内部网络。所以,在配置堡垒主机时必须做到细心谨慎。举例来说,不必要的服务应马上关闭,发现漏洞应及时安装补丁,开启主机日志,除此之外,还要对端口进行限制。根据安全要求的不同,堡垒主机可以分为以下三种类型:

(1)单宿主堡垒主机。这种类型的主机的防火墙设备只有一个网卡,它本身就是应用级网关防火墙。如果单宿主堡垒主机想要发挥作用,首先要设置外部路由器以及内部的网络主机,确保出入内部网络的所有数据都是发向单宿主堡垒主机的,确保这些数据都会经过堡垒主机的检验,然后发向外部网络。

(2)双宿主堡垒主机。这样的堡垒主机配备两块网卡,两块网卡的作用不同,一个连接内部网络,一个连接外部网络,内外网络因为网卡的不同而分开,无法进行数据的直接传输,这时的堡垒主机就代替了路由器进行安全防控。

(3)受害堡垒主机。这类堡垒主机是主动暴露给外来攻击者的,其作用是迷惑攻击者,因此配置很简单,只需要满足运行程序的功能即可。即使受害堡垒主机受到攻击，网络的整体安全也不会受到影响，因为它的作用就是迷惑外来的攻击者，诱导他们暴露自己的行为，以便我方管理员进行实时跟踪。因此，受害堡垒主机也常被称为陷阱或者蜜罐。

2. 非军事区或隔离区

非军事区或隔离区（DMZ）指的是孤立网段，它不在系统服务范围内。

DMZ 的设计依据是不同功能或部门把网络切分成不同的网段。每个网段都有不同的安全需求，根据这些需求提供不同的保护策略，DMZ 就是把内部网络中需要提供外部服务的服务器集中起来，形成独立的网段，完全与内部分开。通常情况下，DMZ 只是一个过滤的子网，在内部和外部网络之间形成了一个缓冲地带，这个缓冲地带包括堡垒主机、各类服务器等，它可以化解公开服务和内部网络安全之间的矛盾。

3. 屏蔽路由器

屏蔽路由器是放置在内网和外网之间、发挥过滤功能、能够承担防火墙作用的路由器。屏蔽路由器的结构非常简单，是防火墙体系中最简单的一种，主要通过路由器来实现防火墙功能。

屏蔽路由器最明显的优点是它的体系结构简单，构造成本相对较低，而且很容易构造，基本上只要用边界路由器和过滤软件进行组合即可构成。当今市场上标准的路由器软件都具备包过滤功能。从用户的角度来看，屏蔽路由器是透明的，所以，用户不需要做出更改就可以配备主机。但它也因此而无法识别不同的用户，对于信息的监控记录程度无法与其他的防火墙相媲美；而且攻击者的攻击痕迹也无法保留，对于外来入侵行为没有较高的警觉性；自身的设备比较单一，承担的风险也较大；如果内网的主机和外网的主机进行直接通信，那么，无论是内部网络还是外部网络都会受到安全威胁。

基于以上特点，应该在规模较小、构造相对简单的网络中使用屏蔽路由器；如果网络规模较大且构造相对复杂，则应使用其他的路由器体系。

（三）防火墙的选购原则与策略

目前，市场上的防火墙产品种类繁多，价格相差很大。如何选择适合的防火墙产品，需要遵循以下原则与策略：

1. 防火墙的选购原则

选购防火墙时要考虑不同的方面,比如防火墙的功能、部门需求、管理难度、售后服务、经济情况等,选购防火墙主要参考以下原则:

(1)可靠性。防火墙产品是否正规,是否取得权威机构的认证,在市场上的销售情况以及维修情况等都需要考虑。

(2)安全性。防火墙是一种网络设备,不可避免地会出现安全问题。如果安全问题比较大,网络安全是无法保障的,所以安全性是选购防火墙时必须要考虑的。

(3)防火墙能否满足部门的特殊需求。有些部门会有一些特殊的需求,但是不同防火墙功能不同,有些防火墙并不能满足这些特殊需求。比如限制上网人数和上网时间、转换 IP 地址、双重 DNS、DMZ 和病毒扫描等特殊需求,所以需要根据企业的特殊需要选择适合的防火墙。

(4)防火墙需要选择适合的工作模式。防火墙有很多不同的工作模式,比如硬件形式、软件形式、固件形式等。企业应该综合考虑自身实际情况,选择最适合的防火墙。

(5)防火墙的易用性。防火墙的安装应该以简单为主;防火墙界面要易于管理;功能上要便于集中访问、管理,还要便于升级。

(6)兼容性强。防火墙的兼容性主要体现在两个方面:第一,防火墙与部门相关业务软件之间是兼容的,不会发生冲突,能够保证其他软件的正常运行;第二,在防火墙上允许安装安全的第三方软件,比如最新的认证系统等,使其正常运行。

(7)主要技术指标的大小。防火墙的性能优劣可以参考国际标准 RFC-2544。网络吞吐量、丢包率、延迟时间等是防火墙最主要的技术指标。

(8)可扩展性。防火墙应该具备可扩展性,为用户提供多样的解决方案,这样用户就可以根据自身需求选择适合的功能。

2. 防火墙的选购策略

(1)先了解企业的安全需求,根据企业的安全需求选择合适的防火墙体系结构,然后再确定防火墙类型。

(2)为了保证绝对的安全,还要考虑必要的安全措施。比如,进行身份验证、信息保密、系统访问限制;根据要求,增加防火墙的可扩展性。

（3）防火墙生产厂商的技术水平，应该选择生产技术过硬的厂商，可以货比三家，选择性价比最高者。

（四）计算机防火墙包过滤技术

防火墙最主要的功能就是包过滤技术。现在的路由器中都具有包过滤功能。过滤的标准由安全需要来制定。

1. 包过滤技术原理

以 TCP/IP 为基础的网络中，负责传送通信的是数据包，这些数据包都被分割成一定的长度。数据包分为两部分，分别是报头和数据。报头包括封装协议、源 IP 地址、目的 IP 地址、ICMP 消息类型、TCP/UDP 的源端口和目标端口等。数据包传送到路由器后，路由器会根据数据包中提供的目的 IP 地址选择最合适的物理线路，将数据发送出去，当然，线路不止一条，也有可能是经过不同的线路发送。所有的数据包都到达后，会在目的地重新组合在一起。

每一个数据包的报头信息在经过网络层时都会被包过滤技术捕捉到，然后根据制定好的过滤规则进行过滤，剔除不符合要求的信息。如果成功匹配，数据包就会被发送出去，否则就会被丢弃。如果数据包报头中的信息与过滤规则都不符合，防火墙就会将其剔除。包过滤技术是防火墙技术中位于网络层面的技术，最关键的是对安全策略的设计。

2. 包过滤技术规则

包过滤技术规则就是在网络中适当的位置，有选择地设置数据包的数据规则，也称作访问控制列表（ACL），然后通过网络的技术安全要求，检查所接收的每个数据包，做出允许数据包通过或丢弃数据包的决定。同时，包过滤技术需要由设备端口进行规则储存，并在过滤器上进行配置，根据连接网络端口的不同，对应的安全策略也不一样，因此，不同网络的过滤规则需要存储在其连接的端口上，然后起到防火墙的安全保护作用。在包过滤规则的创建中有以下基本原则需要遵守：

（1）以"拒绝所有"为第一安全策略。为了减少网络安全的威胁，首先需要通过防火墙设置，将内、外部网络分开，然后再根据需求开放部分网络。

（2）规则库设置时只开放对 DMZ 应用服务器的访问，其余外部网络均不能访问内部网络主机。

（3）在内部网络访问外部网络时，进行一定的规则限制。

3.静态包过滤技术

静态包过滤技术指的是在对数据包报头进行检查的时候，无论防火墙两边的主机是否成功连接，都会按照过滤规则，对数据包的报头信息进行拒绝或选择通过。操作静态包过滤技术有以下三个步骤：第一，筛选数据包的报头信息，对 TCP 报头与 IP 报头中的内容进行检查；第二，按照先后顺序对过滤规则和报头信息进行对比与匹配；第三，如果允许通过匹配结果，则数据包会被转发，如果包过滤规则和报头信息被拒绝通过或不匹配，则会把数据包丢弃。

如今使用的路由器都具备包过滤功能，路由器和静态包过滤技术几乎是同一时间产生的。静态包过滤技术在包过滤技术中也有自己的优缺点。

静态包过滤技术的缺点体现在三个方面：第一，低成本，运行的效率很高、速度很快；第二，学起来很简单，操作很方便，静态包过滤技术不在应用层发挥作用，能完全透明地对待应用系统与用户，不需要以别的软件运行为基础；第三，有广泛的覆盖面，能及时地、全面地监控全部经过网络的通信，几乎不会有遗漏。

静态包过滤技术的优点体现在三个方面：第一，无法对通过的、伪装的 IP 地址进行阻止。外部主机若对那些危险的 IP 地址展开伪装，则该技术便不能识别真伪。第二，无法对数据包的好坏进行识别。因为包过滤技术规则的设置信息非常有限，而且判定时只能依据规则，无法真正对数据包的好坏进行识别。第三，该技术的管理功能比较弱，对配置进行修改时比较困难，缺乏日志记录，只对端口进行过滤而不对服务进行过滤等，需要进一步改善。

4.状态检测技术

状态检测技术作为包过滤技术的一种，是介于包过滤器和应用层网关之间的一种包过滤技术，又可以称为动态包过滤技术。在检测数据的灵活性和速度上与包过滤机制一样，同时又具备与应用层网关一样保护应用层安全的特点。

状态检测技术的检测方法是，在遵循过滤规则库的同时，维护数据状态表。在过滤规则设置上，用户决定允许建立哪些会话到过滤规则上，只有通过过滤规则过滤的数据才能被允许通过防火墙。状态表在对数据进行维护时，一般包括源 IP 地址和端口号、目的 IP 地址和端口号、TCP 序列号信息及一些独特的附加标记，状态检测技术主要对数据包的状态进行分析，选择是否同意连接请求。状态检测技术的操作步骤为：①在已经建立且正在使用中的信息流中是否包含防火墙检查的数据包；②匹配结果如拒绝通过，则数据包被丢弃；如包过滤规则允许通过，则转发数据包，同时状态表将更新连接项，或创建一个新的连接项，然后通过这个新的连接项重新检验返回的数据；③防火墙在确定何时删除连接中的某一项时，主要对 TCP 包中 FIN 字段进行判断后通过计时器来判定。

状态检测技术在防火墙使用上的优势主要有：①对伪装的 IP 地址能够准确识别；②状态检测技术对网络层和应用层能起到同时检查的作用；③在管理功能上，状态检测技术能够提供详细的检测日志。同时，状态检测技术也存在一定不足，主要是在同时激活或过滤规则较大数据包或同时检查时，容易造成网络延时情况，但随着计算机硬件设备技术的不断发展，网络连接延时的现象几乎可以忽略。

（五）计算机防火墙代理服务技术

代理服务技术最初发展只是用于提高数据的传输效率，随着数据传输效率技术的逐步提高，代理服务技术紧跟包过滤技术，在应用于保护数据安全的防火墙技术上也得到广泛应用。

1. 代理服务技术的原理

代理服务也叫代理服务器程序，通过代理服务器程序，对客户发送的连接请求，经过代理服务程序核对后，传输到应用程序进行检查处理，有效的请求信息经过处理后会传到服务器上，就形成了应答信息，这些应答信息主要由代理服务器负责处理，然后再传到客户端上。在代理服务器运行过程中，客户其实感觉不到中间的传递过程。代理服务器是真正服务器和客户之间的"桥梁"，真正的服务器是如何传递信息的，客户是无法知道的，而服务器也看不到客户，客户都是直接访问服务器，所以彼此之间是见不到的，这样对双方都有利。

在防火墙设计上，代理服务技术通常是通过双宿主机或堡垒主机形成两个网络接口，然后将代理服务程序置于两者之间，将两个网络完全隔离开，使其相互之间不能直接连通信息，只能够分别连接代理服务程序，代理服务器根据安全策略的要求，对一些请求进行检查，决定同意或拒绝。

在代理服务防火墙设置中，代理服务程序就像一个网关，在代理服务技术运行过程中，客户机包含了向外网服务器发送请求和向代理服务器传达请求的功能，代理服务器也包含了拦截客户请求和将应答信息转发至客户端的双重作用。同时，代理服务程序还能对所有经过的数据包进行分析和注册登记、形成分析报告，在发现攻击时还能发出警报给网络管理员，并保留处理痕迹。

2. 应用层网关技术

应用层网关技术也叫应用程序代理或代理服务，是代理服务技术的一种。通过将应用软件程序安装在有操作系统的主机上，在代理技术的参与下，使其形成一个TCP连接全过程，同时，将协议过滤和转发功能建立在网络应用层上。应用层网关防火墙既可以设置为在符合客户要求认证下才能建立连接，也可以设置为允许来自内部网络的所有连接，从而减小内部网络发动攻击的可能性，进一步加强了网络安全。

应用层网关技术具有过滤和转发功能，但是这些功能的运用还需要与之对应的代理软件提供服务，其中最常用的是HTTP、FTP、TDNet、POP3和SMTP等软件，而没有相应代理服务的新开发的应用，防火墙设置将不能转发。应用层网关技术的操作方式有以下三步：

（1）外部网络的主机会通过某种协议访问内部网络，这种情况下，应用层网关防火墙技术会对各种数据和信息进行检查，并根据安全需要设立相关的规则和标准，决定这些信息能否通过。

（2）如果允许访问，外部网络和内部网络通过在防火墙上进行身份认证，认证通过后，防火墙将专门运行一个程序，将内部网络和外部网络主机连接起来。

（3）在内部网络访问外部网络时，同样需要先经过应用层网关技术防火墙允许连接，并进行身份认证后，内部网络才能对外部网络进行访问。

应用层网关技术防火墙主要有两个优点：①安全性高，能有效地将内部网络与外部网络分隔开；②拥有较强的对数据流的过滤、监控、记录和形成报告的功能。应用层网关通过高速缓存将用户频繁使用的页面进行存储，在用户访问该页面时，服务器会对页面进行检查，如果是已经更新的最新版本，则允许用户直接访问，如果不是最新版本，则应用层网关将向真正的服务器进行最新页面的请求，再将最新的页面转发给用户。

3. 电路层网关技术

电路层网关技术作为代理服务技术的一种，通常也被称为TCP通道，它在判断请求是否合法时，会检查SYN、ASK和序列号是否符合逻辑要求。如果是合法的就能够建立连接，同时形成会话连接表，用于对比会话信息，数据包必须要与会话信息相符合，否则不能通过，会话结束后，连接表中的信息会被自动删除。

电路层网关技术和包过滤技术的相同点在于可以在传输层访问，连接内部网络和外部网络，搭建内外沟通的虚拟程序，通过设置特定的逻辑规则判定数据包是否通过。不同的是，电路层网关技术是建立两个连接，其中一个是网关与外部网络主机相连接，另外一个是网关与内部网络主机相连接，而不允许TCP端到端之间的连接。建立好两个连接后，电路层网关只对内部网络连接和外部网络连接之间的字节进行反复拷贝，同时，将源IP地址改为自己的IP地址，并将内部网络隐藏。电路层网关在建立连接时，可以用于多种协议，而不需要解释应用协议的命令，是通过改变客户端程序建立连接，而不需要改变应用层。

内部网络主机发出访问的请求是以某种协议的方式，在主机上，访问请求被客户端应用程序发送到电路层网关的内部接口，防火墙会识别其身份，通过防火墙后，根据安全规则对数据包进行检查，如果符合规则，就可以将目的地址和自己的IP地址连接起来，然后，主机会通过电路层网关收到相关应答。

电路层网关技术不仅具备包过滤技术的功能，还可以进行地址转换（NAT），这对网络管理员来说十分方便。当然，电路层网关技术也有三个方面需要进一步完善：①安全性较低，对建立连接后的传输内容无法做进一步的分析，不能识别伪装的IP地址攻击；②电路层网关技术的使用需要修改应用程序和执行程序；③需要对终端用户进行身份认证。

以 SOCKS（防火墙安全会话转换协议）对电路层网关技术进行举例：SOCKS 主要由两个部分组成：一部分是防火墙系统上运行的代理服务器软件包，另一部分是连接到各种网络应用程序的库函数包，在内部网络用户以某种协议向外部网络发送访问请求时，SOCKS 服务器对内部网络进行代理和身份验证，使内部网络用户可以透明地访问外部网络的主机。

4.自适应代理技术

自适应代理技术最主要的组成部分是自适应代理服务器和动态包过滤器，二者之间有一个确保安全的通道。为最大程度地确保数据安全，传输的数据由应用层初步检查，并进行身份认证。验证通过的数据包经过代理服务器在网络层传输。包过滤技术的安全性能高，代理服务器速度快，而自适应代理技术融合了二者的优点，可以控制包过滤器，便于网络管理员进行安全管理，满足客户需求。

（六）计算机防火墙的安全维护

第一，管理员要保持领先的技术。技术的更新对于防火墙的安全极为重要，因此在进行防火墙维护时，要保持领先的技术，保证管理员能将工作做到用户前面。计算机技术日新月异，问题不断出现不断被解决，新问题的接连出现成为防火墙系统维护技术保持领先的最大困难，因此在出现问题、发生侵入时，进行修补成为了一个必然的客观事实，新的工具在修补过程中也随之出现。即便如此，要一直保持领先地位也是很困难的，因此管理员需关注相关资讯，如专题论坛、新闻时事等。

第二，保持用户系统处于领先地位。用户系统的领先使管理员的工作难度大大降低，用户也能够方便快捷地对出现的问题进行处理。信息收集整理和资讯的即时掌握是管理员重要的工作，信息的累积能使管理员对出现的问题有更准确的判断，主要是判断这些问题能否构成对系统的威胁，如果信息储备量不足，当问题发生时只能像无头苍蝇一样到处找寻解决方案，会花费大量的时间和精力，而有足够的信息储备，就会对问题有更清晰的认识，解决起来也更加便利快捷。出现的问题难易程度不同，简单的问题通过上述方法可以顺利解决，较为困难或是特殊的问题就需要管理员付出更多的精力，在这个过程中，管理员不可避免地会出现错漏，这与环境和问题本身都有关系。如果出现的问题对用户系统有影响，管理员出于谨慎的态度则需要花费更长时间思考，等问题明晰后再对其进行解决。虽然这种做法可能导致解决问题的速度稍慢，但效果上更为稳妥。

（七）计算机防火墙的日常与监控防护

1. 计算机防火墙的日常防护

防火墙的日常管理工作较多，不仅是安全问题，还有清洁工作。此外，备份管理、账户管理、磁盘空间管理也是日常维护的重要工作。

（1）备份管理。备份管理工作要注意备份的全面，防火墙的方方面面，包括专用计算机和服务器在内都要进行备份，而不是只关注通用计算机。通用计算机的备份可以通过设置，进行定期自动备份，确保主机和内部服务器的内容不丢失；专用计算机和服务器则更适合手动备份，在配置前后均需进行备份操作，路由器的配置与系统安全息息相关，因此，在操作时要注意信息改动情况，避免路由器对另一台主机的过度依赖。

（2）账户管理。账户管理的工作不可忽视，也是计算机防火墙日常管理的重要内容。账户管理主要包括增设新用户、修改密码和旧用户删除等。增设新用户要注意添加方法，用程序进行账户的添加最为稳妥，新用户存在潜在危险，因此添加时一定要按照流程规则正确操作，在进行新用户增设时要对账户生成日期进行标注，并设置用户自动检查程序，在账户生成前期对其进行检查。密码相关问题是账户管理中最常用的。用户通常不需要主动登录，但系统会在特定情况下告知用户登录信息超时，需要重新登录；如果用户有更改密码的需要，管理员要保证系统有使用安全复杂密码的设备程序，否则用户设置了简单的密码就会面临风险。

（3）磁盘空间管理。磁盘空间是用户存储数据的空间，常常会出现磁盘空间不足的情况，这是因为用户在使用时，常常有临时文件存储到临时空间中，临时空间中的内容大多是无用的，又占据了大量磁盘空间，且这些无用文件的碎片也会影响磁盘的运转。但用户在使用过程中，很难辨别这些文件的类型，防火墙系统会将磁盘空间出现的问题进行记录，以日志文件的形式，系统要在用户移走日志文件时将其挂起或停止程序的运行。

2.计算机防火墙的监控防护

（1）专用监控设备。除了上文提到的日志外，防火墙也有相应的监控工具，但这些都是入侵者能够轻易发现的，因此需要在周边网络上设置额外的监控站。额外设置的监控站入侵者很难监测到，也就能够避免受到入侵者的干扰。这些设在周边网络的监控站，管理员能够直接控制并切断其接入网络的传输接口，这是入侵者难以探测和干扰的原因。对于周边网络上的监控站，管理员要认真配置，确保它的安全。

（2）监控的内容。监控的内容大部分都在防火墙的日志文件中有记录，管理员可以通过日志文件了解进出防火墙的所有内容，但实际上海量的内容管理员是无法全部消化的，因此管理员可用日志记录重要的内容：①用户名以及生成时间；②未被接受的链接；③路由器和主机中发现的错误信息。这些内容管理员需要从生成的日志中筛选并整理好。

第三节　计算机网络安全分层评价防护体系

当今网络安全系统对于计算机发展的影响是非常有利的，而更加完善的网络安全防护系统也是当今人们所密切关注的话题。"网络安全防护体系的建立不仅可以有效地保证网络信息安全性，而且可以更好地维护和管理网络的安全。"①

一、计算机网络分层防护体系的认知

在网络不断发展的过程中，针对网络信息资料的攻击也在进行不断变化，而当前网络的安全系统基本上都是建立在防御系统之上的，面对网络攻击基本上都处在被动位置，很难在面对网络攻击时做出及时防御。而分层防护体系就是解决这一问题的关键，分层防护体系是由三个部分组成的：第一个部分是针对系统漏洞进行扫描，对网络的管理进行检测；第二个部分是以

---

① 刘秀彬，王庆福.计算机网络安全分层评价防护体系研究[J].电脑知识与技术，2018，14（19）：26-27+29.

网络的监控、病毒防御体系、数据加密体系以及网络的访问控制为主，主要是为了加强对计算机信息的严格保护；第三个部分则是以数据的恢复和应急服务为主，主要是在受到攻击或者数据不慎丢失后的找回工作，而对于安全技术的培训也是相当重要的。

二、计算机网络安全分层评价发挥体系的设计和功能

（一）网络系统的设计要求

网络系统的设计构造相对比较复杂，在设计当中有较高的技术要求。网络系统作为动态运行系统，受到的人为因素干扰相对较多，在网络系统运行时很容易受到多方面的影响。因此在对网络安全分层评价防护体系的设计中一定要考虑相关系统的可操作性、完整性、保密性以及权威性。

可操作性指的是确保用户能够通过界面操作对整个系统的功能进行全面了解，同时也能进行熟练的操作。

完整性是在网络安全受到威胁时能够确保系统的完整。

保密性是在服务器和浏览器的架构模式上利用SSL安全套接协议，实现用户可以快速对浏览器进行访问，精确完成服务器认证，让用户能够有效开展工作，同时能够在服务器与客户端之间建立安全稳定的SSL通道，用户可以通过该通道实现128位的密钥会话。

权威性则是为了实现通信双方对接收的信息协议能够一致，对于信息的真实性是不可否认的，可以在双方身份明确的情况下保障数据能够安全传输。在系统设置时也要充分考虑到诸如物理安全、加密保护以及软件访问等设计要求，同时对于信息管理以及数据备份都要进行高效设计，以便防护体系可以根据网络的实际情况满足不同用户的实际需求。

（二）分层评价防护体系的功能

对于计算机的防护体系来说，分层评价防护体系当中的每一层都是一道坚实的安全防线，需要应对的相关安全问题从时间到类型都是不一样的，可以说是全面保障计算机网络的整体安全。而分层评价防护体系的模型由审计响应机制层、安全技术措施层和安全人文环境层组合而成，这三个层级相辅

相成、相互配合，功能互为支撑，完美地将计算机网络安全防护体系融为一体，共同打造一个实现网络安全防护的功能体系。

从深远角度来看，安全人文环境层是整个防护体系当中最主要、范围最广的一部分，其主要目的就是依靠法律和宣传来创造一个安全的网络环境，为相关的防护技术提供法律的支持，其中包含了与信息安全相关的法律规章制度，是由国家有关机构和部门制定的。而企业制定的网络安全规章制度也是非常重要的，大部分都是在国家网络安全相关法律基础上结合企业当前的网络管理需要而制定的。在制定信息安全相关制度的同时也需要加强对网络安全的科普宣传，加强人们的网络安全和规范操作意识，了解网络安全的重要性，加强对网络安全相关技术的学习。

安全技术措施则是整个安全防护体系的核心部分，其主要目的就是要求主体网络服务器加强网络设备和通信设备的安全性，确保不会产生数据信息丢失损坏等情况。而安全技术措施的子程序主要是为了保护网络系统能够稳定运行，确保能够及时发现安全漏洞并进行维护和响应，确保整个网络系统的安全性和可靠性。而系统也会采用预防攻击来确保整个数据库信息资源的完整和保密，安全技术措施层的主要应用技术有防火墙、应用网关以及安全协议等。

审计响应机制层是整个防护体系中最高的阶层，也是整个网络保护体系当中最重要的，也是最后一道防线，其主要以对攻击的分析、响应和调整为主，对网络操作进行监控、审计和日志记录，同时也有加强备份的功能，确保大部分数据在受到攻击后都能进行恢复。

因此这三个层级是密不可分、相辅相成的，合力确保整个安全系统能够有效保障计算机网络的安全。

随着网络技术的不断进步发展，大数据和云数据时代的到来，加强对计算机网络安全分层评价防护技术的研究与改进是非常重要的，"面对互联网，网民们需要做的就是增强自我保护意识和遵守互联网秩序；相关部门和企业需要立足于现实情况，通过构建一系列系统完备的体系稳定网络秩序，为用户提供一个安全的网络环境，保障用户的信息安全"[①]，才能促进我国网络安

---

① 魏曦. 计算机网络安全分层评价体系的构建研究 [J]. 科学技术创新，2019（36）：85-86.

全技术能够获得长远且安稳的发展。

第四节　移动互联网时代网络安全的防范

"互联网信息安全不仅与每个公民的日常生活息息相关，更事关互联网行业的健康发展和整个国家的安全。随着移动互联网应用的普及，个人隐私与安全便成了当前重要的话题，而未来的物联网应用，又会将互联网安全引向一个更高的层次。"[①] 面对大数据等相关的新兴行业所带来的隐私保护等安全问题，制定专门的法律，并以此作为基础，完善我国移动互联网的网络安全体系，也是相关工作人员需要重视的问题。

一、移动互联网的安全主体以及特征

（一）个人作为安全主体

个体在网络中是非常渺小和脆弱的，而在网络时代，个体的分量又很重要。很多个人互联网用户都不是专业的从业者，缺少安全意识，加之技术能力不是很强，很难应对网络威胁，在网络安全问题面前表现得比较被动。

如今的网络在不断发展，网络的安全问题也越来越明显，为了确保网络中个人网络的安全，社会对有关工作人员的要求也更高。个人互联网的用户有个很重要的特点，即分散性，一方面，由于个人用户会随时随地上网，所以，不同的时间和地点可能会遇到更频繁的网络攻击。另一方面，个人用户在使用网络期间只要遇到网络攻击，自己的隐私很可能会被泄露，甚至会伤害到自己的财产，互联网的安全问题带来的负面影响也因此更深刻和广泛。

（二）公司作为安全主体

在现代社会，移动终端变得更加普及。因此，有更多的公司对互联网安全问题变得非常关注。更多的网络威胁也逐渐蔓延到了公司内部，这就要求公司网络安全方面的工作必须做到位，只有这样才能够减少威胁。一旦网络

[①] 喻国明. 移动互联网时代的网络安全：趋势与对策 [J]. 新闻与写作，2015（04）：43-47.

安全系数相对较低，那么这些企业在遭受网络安全威胁之后，有可能会产生比个人用户受到攻击后更加严重的后果。

公司是一个相对较为独立的个体，在目前网络安全的背景下呈现出来的特点有以下几个方面：

首先，涉及的范围相对比较广泛。公司是一个有机的整体，在公司内部，不同的部门相互之间都需要通过网络来进行联系。如果公司的网络遭遇到了安全威胁，很有可能会影响到公司内部和相关部门的网络安全，影响范围是极其广泛的。

其次，公司网络安全的维护一定要由专业的技术人员来进行。但是，如今的互联网用户非常多，技术人员若想做到完美无缺是很难的。公司一旦面临网络威胁，就会蒙受巨大损失。由于公司网络的安全与很多利益都相关，所以，黑客会侵入公司的内部网络，对信息进行盗取。

二、移动互联网网络安全应对策略

（一）增强意识，促进网络安全

目前，有很多网络安全的问题，大多都是因为使用者其本身安全意识较为薄弱造成的。这些疏忽很有可能会直接影响到整个网络的安全，所以，如果想要避免有可能会产生的网络安全问题，就要加强网络安全意识，让用户以及网络相互之间进行良好的互动，促使网络更加安全。

（二）从技术层面做好网络安全防护

在移动互联网时代，网络安全问题受到了人们的普遍关注，而网络安全的发展趋势也变得更加明朗，受众极其广泛，影响力也更大。为了能够更加充分地应对新时期移动互联网所产生的安全问题，首先必须要严格把关移动互联网计算层面的问题，促使相关技术不断创新，强化技术取胜，坚持走技术路线，在虚拟网络技术的层面不断进行分析总结。通过对虚拟网络的访问控制，加大对虚拟网络之外的网络节点方面的控制，使虚拟网络操作更加简单，使个人移动互联网用户也可以享受到网络安全的保护。在防火墙技术层面，进行全面分析后发现，如果想让网络相互之间的访问控制有所加强，就必须要防止一些非法网络用户侵入，让整个移动互联网都能够处于一种更加安全的环境当中。

（三）从网络层面做好网络安全防护

目前的移动互联网大多都是5G网络，网络的载体大多都是移动智能手机，所以如果想要更加有效地应对移动互联网时代的网络安全问题，就必须要以网络层面作为切入点，优化网络，增加网络自身的安全性。在遇到一些新型的网络安全问题时，要能够不断解锁新技术，加强移动互联网的安全性，在源头上进行严格把控，避免有可能会影响到网络安全的一切因素的产生。

综上所述，随着我国科技不断进步，移动互联网的发展也变得极其迅速，大数据时代也已经到来，和传统的互联网相比，在大数据的环境之下，互联网所带来的安全问题也明显增多，有可能给用户的个人信息安全方面带来更大挑战，所以必须要及时认清楚形势，认真总结在移动互联网时代可能会产生的网络安全问题和网络安全问题的具体发展趋势，并采取更有针对性的策略，使网络安全问题得到保障，使互联网可以为未来的发展贡献更多的力量。

第五章 人工智能时代计算机网络安全与防护

第一节　人工智能概述

人工智能是计算机科学的一个重要分支，目前人工智能在计算机领域内已经得到了高度重视，并在医疗、农业、工业、金融、通信等领域中得到了广泛应用。

人工智能科学与技术的本质是分析人类智能活动的规律，研究如何让计算机去完成以往需要人的智力才能胜任的活动，并以计算系统为基础构造具有人类智能的系统。也就是说，人工智能学科的目标是研究如何应用计算机的软硬件来模拟人类智能行为的基本理论、方法和技术。

一、人工智能的起源与发展

（一）人工智能的起源

"人工智能是一门起步晚却发展快速的科学。20世纪以来，科学工作者们不断寻求着赋予机器人类智慧的方法。30年代末到50年代初的人工智能领域已经出现一些电缆控制的机器人，可以行走并能说出简单的词组。"[1]1950年，英国科学家艾伦·麦席森·图灵发表了论文《计算机器与智能》，论文中提出"智能"这一概念。为了定义和判定"智能"这一概念，图灵提出了相应的测试方法：如果一台机器能够与人类展开对话（通过电传设备）而不能被辨别出其机器身份，那么称这台机器具有智能。这种测试方法被后人称为"图灵测试"。这应该是最早出现的对人工智能中"智能"的描述及其判定标准。

1955年8月31日，美国学者约翰·麦卡锡、马文·明斯基、纳撒尼尔·罗切斯特和克劳德·E.香农共同发布了《夏季人工智能达特茅斯研究项目提

---

[1] 董惠雯，张戈，项绪鹏．人工智能概述 [J]．科技风，2016（05）：34．

案》，提议1956年夏天在达特茅斯学院开展一次由10个人组成、为期两个月的人工智能研究。该研究基于下述猜想展开：原则上可以精确地描述学习的各个方面或智能的任何其他特征，从而可以制造出一台机器进行模拟。提议中计划研究如何让机器使用语言，形成抽象的概念，解决一些人类未解决的难题，并提升机器的能力。提议认为，如果一组精心遴选的科学家一起工作一个夏天，将很有可能对其中的一些问题研究取得重大进展。

通过该提案后，四名发起人同特伦查德·莫尔、亚瑟·塞缪尔、艾伦·纽厄尔、赫伯特·A.西蒙、雷·所罗门诺夫和奥利弗·塞尔弗里奇等人在1956年参加了达特茅斯会议，会上首次提出了"人工智能"这一术语。达特茅斯会议是人类历史上第一次人工智能研讨会，该会议也标志着人工智能学科的诞生。这一年也被称为"人工智能元年"，具有十分重要的历史意义。

（二）人工智能的发展

1. 人工智能的阶段

人工智能的发展总体经历了三个发展阶段，即计算智能、感知智能、认知智能三个阶段，如图5-1所示。计算智能的特点是能存会算，计算机开始像人类一样会计算，传递信息，其典型例子是神经网络、遗传算法。感知智能的特点是感知外界，计算机开始看懂和听懂，做出判断，并采取相应行动，其典型例子是语音、图像识别。认知智能的特点是自主行动，机器人能像人一样会思考，主动采取行动，其典型例子是无人驾驶汽车。

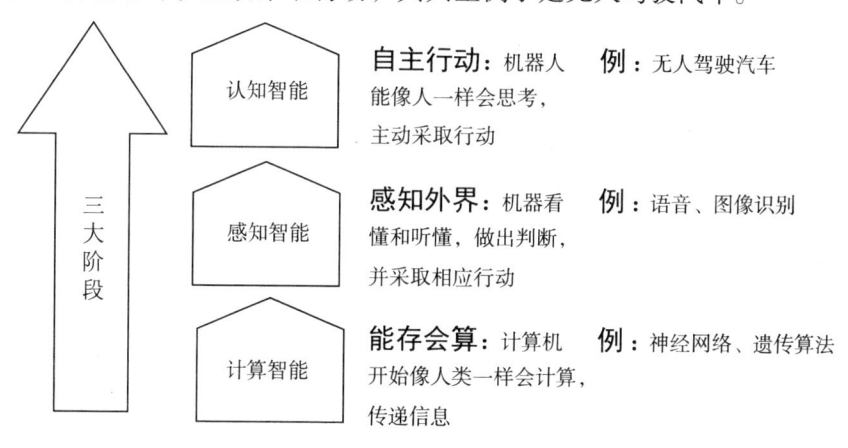

图5-1 人工智能发展的三个阶段

2. 人工智能发展的动力

人工智能之所以能进入发展高峰，除了由于一些诸如 AlphaGo 战胜人类棋手等吸引人眼球的事件引起了人们高度关注之外，其根本原因还是由于技术上的突破，同时大数据、移动网络、物联网、微电子技术等新技术的发展也为人工智能的进步奠定了技术基础。

（1）深度学习的贡献。深度学习是一种以人工神经网络为架构，对数据进行表征学习的算法。其中，表征学习的目标是寻求更好的表示方法并创建更好的模型以从大规模未标记数据中学习这些表示方法。深度学习使用了分层次抽象的思想，模拟人类大脑神经网络的工作原理，搭建多层神经网络分别处理不同层的数据信息，原始数据通过底层神经网络抽象出底层特征输出给高层神经网络，高层神经网络可以更有效率地获取高层概念，从而更精准地处理信息。深度学习的好处是能够用无监督或半监督的特征学习方法分层次地提取特征，从而替代了手工获取、设计特征，大大提高了特征提取效率，因而这些算法能被应用于其他算法无法企及的无标签数据。这类数据比有标签数据更丰富，也更容易获得。这一点也为深度学习赢得了重要的优势。

当然，深度神经网络也并非完美无缺。如果仅仅进行简单的训练，深度神经网络可能会出现很多问题，如过拟合问题、可靠性问题、不可解释性问题等。就过拟合问题而言，深度神经网络产生过拟合问题可能是因为增加的抽象层使得模型能够对训练数据中较为罕见的依赖关系进行建模，从而影响了模型的普适性。就可靠性问题而言，深度学习模型离开训练时所使用的场景数据，其实际效果就会明显降低。在实际应用中，训练数据和实际应用数据存在区别，训练出的模型被用于处理未学习过的数据时，其效果会明显降低。就不可解释性问题而言，深度学习的计算过程可以看作是黑盒操作，模型计算、特征选取等均由算法自行操作，目前尚无完备的理论能够对其做出合理解释，随着人工智能算法越来越多的应用在实际生产生活中，不可解释的问题则会存在产生结果不可控的隐患。

（2）软件框架的利用。当前，人工智能基础性算法已经较为成熟，构建算法模型工具库成为各大厂商所追逐的目标。一方面，许多大厂商都将算法进行工程实现并封装为软件框架，同时以开源的方式供开发者使用，这使得开发者能够利用这些软件框架快速、便捷地开发出相应的人工智能应用系统;另一方面,这些开源的深度学习软件框架也因众人的追捧而成为打造开发及使用人工智能生态的核心,并让开源企业成为了人工智能的国际巨头企业。

然而,实现人工智能应用落地的推断软件框架质量参差不齐,极大地制约了业务开展。由于人工智能的应用场景众多、特点各异,用于实现最后应用落地的开源推断软件框架无论在功能还是性能层面上,距离实际需求还存在相当大的差距。

第一,基于深度学习的训练框架。基于深度学习的训练框架主要是解决海量数据的读取、处理及训练问题,侧重于海量训练模型的实现。目前主流的深度学习训练软件框架主要有谷歌大脑团队支撑的 TensorFlow、亚马逊公司主导的 MXNet、Facebook 公司的 Caffe2+PyTorch、微软的 CNTK、百度的飞桨等。

(1) TensorFlow 是一个端到端开源机器学习平台,以功能全面、兼容性广泛以及生态完备而著称。该框架实现了在多 GPU 上运行深度学习模型的功能,通过提供数据流水线的方式,具有模型检查、可视化、序列化等配套模块。TensorFlow 拥有一个包含各种工具、库和社区资源的全面灵活生态系统,已经成为深度学习开源软件框架最大的活跃社区,可以让开发者轻松地构建和部署由机器学习提供支持的人工智能应用。TensorFlow 主要包括以下三个特点:

①可以轻松地构建模型。TensorFlow 提供多个抽象级别,开发者可以根据需求来选择合适的级别,甚至可以使用高阶 Keras API 来构建和训练模型,以便让开发者能够轻松地使用 TensorFlow,从而可以随时随地进行特定用途的机器学习。TensorFlow 可以借助 Eager Execution 进行快速迭代和直观的调试;对于大规模的机器学习训练,开发者无需更改模型定义,可以直接使用 Distribution Strategy API 在不同的硬件配置上进行分布式训练。

②可以直接提供具体的应用。不管是在服务器、移动设备和边缘设备上,甚至在网络上,无论使用何种语言或平台,TensorFlow 都可以简单地直接进入训练和部署模型的状态。

③强大的研究实验。TensorFlow 可以构建和训练先进的模型,且不

会降低速度或性能。借助 Keras Functional API 和 Model Subclassing API 等功能，TensorFlow 可以帮助开发者灵活地创建复杂拓扑并实现相关控制。TensorFlow 还支持强大的附加库和模型生态系统，以供开发者进行实验。

（2）MXNet 自视为真正的开源深度学习框架，既可以依靠灵活的库来快速开发深度学习项目，还可以凭借其强大的框架来支撑机器学习方面的应用。该软件框架目前已经捐献给 Apache 软件基金会。MXNet 以优异性能及全面的平台支持而著称。MXNet 主要包括以下三个特点：

①具有灵活的编程模型，可以通过 Python Gluon API 以支持命令式编程模型；也可以通过调用 hybridize 功能简单地切换到符号式编程模型，从而可以提供更快、更优化的执行能力。

②支持分布式训练，可运行于多 GPU、多主机等并行环境，且具有近线性的并行效率，从而可以充分利用计算集群的规模优势；MXNet 还引入了对 Horovod（Uber 开发的分布式学习框架）的支持。

③提供8种语言接口，与 Python 深度集成，并支持 Scala、Julia、Clojure、Java、C++、R 和 Perl。结合混合功能，使得从 Python 训练可以平滑地过渡到开发者所选择的语言来重新部署，从而缩短开发时间。

（3）Caffe2 是由 Facebook 所发布的一款开源机器学习框架。2018年4月，Caffe2 代码全部并入同样在 Facebook 平台上开发的开源机器学习框架 PyTorch 中，从而变成了 Caffe2+PyTorch，引起深度学习框架格局的剧震。PyTorch 以其在图像处理领域的深耕和易用性而著称，主要包括以下四个特点：

① PyTorch 脚本：TorchScript 在命令模式和图形模式之间提供无缝切换，从而可以提高开发速度。

②分布式训练：分布式 Torch 后端支持研究与应用中的可扩展分布式训练与性能优化。

③丰富的工具和库：PyTorch 所支持的丰富的工具和库扩展了其生态系统，可支持计算机视觉、自然语言处理等方面的开发。

④支持云开发：PyTorch 在主要的云平台上都得到了很好的支持，提供了无缝的开发环境，且易于扩展。

（4）CNTK 是微软开发的用于商业级分布式深度学习的开源工具框架，

通过有向图将神经网络描述为一系列计算步骤,在语音识别、机器翻译、图像识别、语言建模等领域都有良好的应用,以其在智能语音语义领域的优势及良好性能而著称。CNTK 可以让用户轻松实现并组合出流行的人工智能模型,如前馈深度神经网络、用于图像处理的卷积神经网络和用于自然语言处理的递归神经网络等。CNTK 实现了跨多个 GPU 和服务器的随机梯度下降和反向传播学习。

(5)飞桨是一种源于产业实践的开源深度学习平台,以易用性和支持工业级应用而著称。飞桨提供高性价比的解决方案,可有效地解决超大规模推荐系统、超大规模数据、自膨胀的海量特征及高频率模型迭代的问题,实现高吞吐量和高加速比。飞桨主要包括以下三个特点:

①为用户提供动态和静态两种计算图,兼顾灵活性和高性能。

②基于实际的业务,提供应用效果领先的官方模型。飞桨提供的 80 余种官方模型,包含"更懂中文"的自然语言处理模型,同时也开源了多个在视觉领域国际竞赛中获冠军的算法。

③源于产业实践,具有输出超大规模并行深度学习平台的能力。飞桨支持稠密参数和稀疏参数场景下的超大规模深度学习并行训练,支持万亿规模参数、数百个节点的高效并行训练,提供强大的深度学习并行技术。

第二,深度学习推断软件框架。基于深度学习进行推断只需要将数据输入神经网络执行正向的计算,不需要通过反向传播过程修正连接权重,因此需要的计算量相对训练过程少很多,但是推断过程仍涉及大量的矩阵卷积、非线性变换等运算。由于推断过程不需要大量的训练,因此很多终端设备(如摄像头等)均可以运行推断程序进行判断。但是终端侧设备的性能一般较低,部分设备也有功耗的限制,为了满足终端侧设备的计算能力,业界也开发了众多开源的终端侧推断软件框架,包括 Facebook 推出的 Caffe2go、谷歌推出的 TensorFlow Lite、腾讯优图实验室的 NCNN、苹果公司的 Core ML、百度公司的 Paddle-Mobile、英伟达的 TensorRT 等。

Caffe2go 以开源项目 Caffe2 为基础,是一个轻量级、模块化的终端侧推理框架,也是最早出现的终端侧深度学习平台。计算密集型移动应用的核心问题是计算速度。该框架的轻量化设计可以针对特定平台上定义的操作进行优化,能够让深层神经网络在手机上高效地运行。Facebook 已将该框架嵌入到手机的创意相机移动应用程序中，目的是帮助人们将普通视频变成艺术品。这种技术称为"样式迁移"，它将用于处理图像和视频的人工智能模型的大小压缩100倍，从而可以在某些手机上用不到1/20秒的时间完成AI推断，而人眨一下眼的时间是1/3秒，完全可以满足手机上的应用需求。

TensorFlow Lite 是另一种用于设备端推断的开源深度学习框架。TensorFlow Lite 提供了转换 TensorFlow 模型，并提供了在移动端、嵌入式和物联网设备上运行 TensorFlow 模型所需的所有工具。TensorFlow Lite 可以运行在 Android 和 iOS 平台上，在 Android 平台上结合 Android 生态（包括成熟的库、框架等），神经网络运行时能够取得较快的 AI 推断速度。

NCNN 是一个手机端的高性能神经网络前向计算框架，无第三方依赖，能实现跨平台和适配不同手机端 CPU 的应用。开发者可以基于 NCNN 将深度学习算法非常便捷地移植到手机端执行，从而开发出人工智能应用。

Core ML 是苹果公司开发的针对 iOS 平台的人工智能软件框架，其目的是将机器学习模型集成到手机端应用中。Core ML 为所有模型提供统一的表示形式，能够对接 Caffe、PyTorch、MXNet、TensorFlow 等绝大部分人工智能框架及模型，支持手机端应用使用 Core ML 框架的 API 接口在手机设备上运行推断程序，进行预测和模型微调等。

Paddle-Mobile 是百度研发的支持 Linux-ARM、iOS、Android、DuerOS 等平台的移动端深度学习框架，在其最上层提供用于神经网络推断的 API，服务百度的众多应用。Paddle-Mobile 的底层对各种硬件平台进行了优化，包括 CPU（主要是移动端的 ARM CPU）、GPU（包括 ARM 的 Mali、高通的 Andreno 以及苹果自研的 GPU 等），另外还包括华为的 NPU、PowerVR、FPGA 等平台，保持了高性能、小体积等诸多优势。

TensorRT 可为深度学习应用提高低延迟和高吞吐量，支持 Caffe、Caffe2、TensorFlow、MXNet、PyTorch 等主流深度学习库，是英伟达的一款性能较高的人工智能框架。使用 TensorRT 的应用程序在推理上可比基于 CPU 的平台快40倍，同时 TensorRT 为深度学习应用程序提供了优化能力，如对视频分析、语音识别、自然语言处理的优化等，减少了应用程序的延迟。由于 TensorRT 的诸多优势，开发者可以专注于开发基于人工智能技术的应用，无须考虑对推理和实际部署进行优化调整。

（3）算力大幅提升。

第一，在专用芯片的作用下，人工智能实现了算术能力的大幅提升。随着人工智能的发展，升级核心硬件设备势在必行。由于传统的计算机微处理器不可能在短时间内完成大规模线性代数运算和高速运算的要求，因此，这使得更换芯片成为大幅提升人工智能计算能力的必然选择。

除了CPU、GPU等常用的处理器外，在深度学习方面，FPGA、ASIC等也起到了很好的促进作用，而ASIC则是深度学习理论应用的最终结果。英特尔、谷歌及许多新公司都已经发布了专门用于深度研究的集成芯片，这些芯片将会在未来几年取代目前的普通芯片，并在未来几年中占据主导地位。

在过去，深度学习运算采用CPU作为计算结构，然而CPU作为普通的中央处理器，其可用的计算单元数量有限，不可能达到深度学习特别是训练阶段深度学习庞大浮点的运算要求，而且CPU的并行计算速度通常比较缓慢。因此，这种相对传统的浮点运算方式不久就会被更多的浮点运算单元取代。GPU的并行运算速度比CPU要快得多，这是GPU在浮点运算和并行运算中具备优越性的重要体现。GPU的性能是CPU的几十倍，是当前最好的解决计算问题的方案。随着因特网、大数据、人工智能等技术的迅速发展，在将来，内存和CPU的读取和写入将无法与之相适应。GPU并不只具备简单的图形处理能力，这项技术在将来也会对影像处理和AI加速等领域产生重要的作用。由于计算机视觉技术的飞速发展，图形加工技术已经被广泛地运用于人工智能领域。

GPU的优势主要有：① GPU的并行计算能力强，高带宽的缓存可有效提升大量数据通信的效率。GPU的缓存结构为共享缓存，相比于CPU而言，GPU线程之间的数据通信不需要访问全局内存，而在共享内存中就可以直接访问，通信效率高。② GPU具有数以千计的计算核心，吞吐量上可达到CPU的10~100倍。所以说，人工智能迎来了高速发展的一个重要原因是GPU与人工智能的结合。英伟达公司可以说是GPU的先驱之一，他们在1999年就利用GPU解决游戏市场对图形处理的速度需求，重新定义了现代计算机图形技术，彻底提升了并行计算能力。

FPGA在深度学习加速方面具有可重构、可定制的特点。FPGA没有预先定义的指令集，也没有确定的数据位宽，可以用来实现应用场景的高度定制。FPGA 也有缺点：①FPGA 的灵活性和通用性的设计会导致运行效率的损失；②基于 FPGA 的应用往往都需要较大的数据吞吐量支持，因此对内存带宽和 I/O 互连带宽要求很高；③由于 FPGA 的逻辑利用率低，会产生较大的无效功耗。但是由于 FPGA 省去了集成电路设计与制造中的流片过程，因此成为深度学习应用在试验阶段的主要解决方案。

ASIC 与 FPGA 不同，是不可配置的高度定制化的专用计算芯片。ASIC 不同于 GPU 和 FPGA 的灵活性，一旦定制完成将不能再更改，所以 ASIC 的初期开发成本高、周期长、技术门槛高。但 ASIC 作为专用计算芯片，其性能明显高于 FPGA，如果产生规模效应也会降低 ASIC 的成本。ASIC 主要生产企业及产品包括谷歌的张量处理单元（TPU）系列计算芯片，以及国内的寒武纪的智能芯片等。

TPU 是谷歌定制开发的 ASIC，用于加速机器学习任务处理。谷歌推出的第二代 TPU 为 Cloud TPU，能够帮助开发者使用 TensorFlow 在谷歌的 TPU 加速器硬件上运行深度学习算法。Cloud TPU 旨在实现系统的高性能与灵活性，构建可同时使用 CPU、GPU 和 TPU 的 TensorFlow 计算集群。Cloud TPU 资源提高了深度学习算法中大量使用的线性代数计算所需要的处理器计算性能。在训练大型复杂的神经网络模型时，Cloud TPU 可以大幅度缩短训练时间，提高效率。

寒武纪 1A 处理器于 2016 年推出，是一款针对神经网络处理的芯片，入选了第三届世界互联网大会评选的 15 项"世界互联网领先科技成果"。2018 年，寒武纪推出的思元 100（MLU100）处理器芯片，可支持各类深度学习算法，其性能与功耗比均全面超越 CPU 和 GPU。2019 年 6 月，寒武纪推出的第二代云端 AI 芯片思元 270（MLU270），在处理非稀疏深度学习模型的理论峰值性能上相较于上一代思元 100 提升了 4 倍。思元 270 芯片入选第六届世界互联网大会领先科技成果，并为视频分析、语音合成、AI 云等多个领域提供了高能效比的解决方案。2019 年 11 月，寒武纪发布边缘 AI 系列产品思元 220（MLU220）芯片。思元 220 芯片标志寒武纪在云、边、端，实现了全方位、立体式的覆盖，丰富和完善了寒武纪端云一体产品体系，为人工智能发展提供了算法支撑。2022 年 9 月 1-3 日，2022 世界人工智能大会（以下简称2022 WAIC)在上海世博中心举办,寒武纪携"云边端"全线智能芯片产品及一众行业生态案例和解决方案亮相2022 WAIC。其中,寒武纪首颗训推一体的Chiplet智能芯片思元370及系列加速卡初次亮相WAIC。思元370是寒武纪第三代云端产品,采用7nm制程工艺,是寒武纪首款采用Chiplet(芯粒)技术的人工智能芯片。思元370智能芯片最大算力高达256TOPS(INT8),是寒武纪第二代云端推理产品思元270算力的2倍。同时,思元370芯片支持LPDDR5内存,内存带宽是思元270的3倍,可在板卡有限的功耗范围内给人工智能芯片分配更多的能源,输出更高的算力。

第二,并行计算所发挥的作用。除了计算芯片为人工智能的发展提供算法支撑之外,并行计算技术也发挥了重要作用。冯·诺依曼体系的串行结构只能让计算机串行地运行程序,而人工智能需要处理大量的数据,串行结构体系无法满足人工智能的需求。云计算的出现在一定程度上解决了这个问题。云计算的基础技术是并行计算,大规模并行计算的能力也使得人工智能往前迈进了一大步。

GPU为并行计算提供了支撑,深度学习使用GPU计算也表现出极佳的效果。随着人工智能应用的蓬勃发展,各类GPU服务器也应运而生,服务器厂商相继推出了专为人工智能设计、搭载多GPU的服务器。GPU服务器可适配多种软件框架,能支持人工智能模型的训练和推理等不同场景,可应用于图像识别、自然语言处理、音视频分析等。

第三,以服务的形式助力人工智能的实现成为新趋势。云计算技术的日益普及也是推动人工智能快速发展的一大关键因素,尽管服务器等硬件设备在性能上已大大提升,而且成本也显著下降,但是要实现人工智能技术所要求的强大运算和存储能力,还需要很多硬件设备。对于企业而言,如果仅在本地搭建服务器,需要购置大量设备,不仅投资巨大,还会占用较大的物理空间放置设备,在能耗和散热等方面也有很多问题需要解决。云计算通过大规模、分布式的并行计算,可以整合位于不同空间的计算资源,提供了以更加便捷、廉价的方式获取强大的运算能力的途径,引发了以服务的形式提供人工智能所需资源的新趋势,如提供深度学习计算平台、人脸识别、文本翻译等服务,这也成为人工智能企业打造生态系统的重要抓手。

企业自行搭建人工智能平台面临的困难很多,于是一些人工智能企业纷纷以服务的形式向人工智能从业者提供其所需要的计算资源、平台资源以及基础应用等。这些企业通过提供人工智能相关服务，既可有效提升社会智能化水平，降低企业（特别中小企业）使用人工智能技术的成本，推动人工智能与传统行业的融合，也可成为人工智能服务化转型的重要基础。

提供人工智能服务的平台不再局限于将技术封装在具体产品中，而是以服务的形式提供，如提供包括以软件 API 形式的服务和平台类的服务。其中，软件 API 服务主要包括计算机视觉服务、智能语音类服务等。当企业模拟开发人工智能应用，如人脸打卡、语音同声传译等具体应用时，传统的做法是企业自行训练人脸模型、机器翻译模型等，但是效率较低；软件 API 服务则可以提供诸如光学字符识别、物体检测、图像识别、人脸识别、语音识别、文本翻译等服务，从而减少了企业开发人工智能应用的成本，降低了使用门槛。平台类服务主要包含 GPU 云服务、深度学习平台，以及类似云服务的基础设施即服务（IaaS）层和软件即服务（SaaS）层。GPU 云服务可以为用户提供 GPU 虚拟机计算资源，为用户自行构建图形图像渲染、视频编解码、自然语言处理等应用场景提供服务。

（4）大数据的贡献。除了算力的提升加快了人工智能的发展以外，海量数据也是推动人工智能发展的一个重要因素。大数据的战略意义不在于掌握了庞大的数据信息，而在于能对这些数据进行处理，提取出数据中所需的内容。有了大数据的支持，人工智能算法的输出结果会随着数据量的增大而更加准确。一般而言，训练数据的体量越大，算法的输出结果越好。大数据技术的发展激发了人工智能技术的巨大潜力，两个领域的技术和应用也出现了彼此促进、加速发展的趋势。

人工智能领域一个比较重要的研究方向是依赖统计学等数学方法，通过使用一些统计模型处理图像、文本和语音等各种类型的数据。这些统计模型在处理数据的过程中会不断优化，而庞大的数据资源则是这些方法能够有效施行的基础。如今，人工智能已经应用于语音识别、图像处理、计算机视觉、机器人等多个领域，而这一系列成绩的背后是海量数据的积累与学习。大数据技术的发展为分析和存储海量数据提供了技术支持，处理海量数据的能力也是支撑人工智能发展所必需的。IBM、Facebook、推特、谷歌、阿里、百度、腾讯等大型互联网公司无一不拥有大量的数据资源。这些数据将有助于更好地训练其人工智能模型和系统，使这些系统变得更加智能。大数据技术及其海量数据为逐步释放人工智能的理论、方法和技术的巨大潜力做出了重要的贡献。

由于人工智能技术需要依赖大量的数据加以训练，如数字识别神经网络需要根据大量的数字图像进行训练，获得必要的模型参数，往往用于训练的数据量越大，训练得到的模型参数用于推断时越准确，因此可以说海量数据是人工智能发展的助推剂。现在全球产生的数据总量是10年前的20倍以上，如此海量的数据给人工智能的快速发展提供了大量的素材。

人工智能数据集的参与主体主要包括以下五类：

第一，学术机构，通常自行采集、标注、建设学术数据集，并用于开展相关的研究工作。部分学术机构也将数据集公开，用作算法测试或组织相关的竞赛，和社会各界共同推进人工智能的发展。

第二，政府和一些机构，以公益形式开放公共数据，如政府、银行等开放了行业数据，提供给人工智能从业者使用。

第三，数据生产企业，主要产生行业数据，如通过自行研发的软硬件产生数据，这些数据往往都是企业的核心竞争力。

第四，人工智能企业，为开展业务而自行建设数据集，标注后形成自用数据集，或采购专业数据公司提供的数据外包服务。

第五，数据处理外包服务公司，这类公司的业务包括出售现成数据训练集的使用授权，或根据用户的具体需求提供数据获取、数据清洗、数据标注等服务。

目前大数据的发展也存在一些问题，主要包括数据流通不畅、数据质量良莠不齐、关键数据集缺失等问题。首先，目前人工智能数据集主要集中于政府和大公司，但是由于监管要求、商业利益等因素影响，很多数据无法有效流动，同时部分有价值的数据，如监控数据、电话数据等高价值数据并未完全开放；其次，数据质量良莠不齐，数据标注主要是通过外包形式实现的，而外包的标注质量决定了数据集的质量，这往往会造成数据集的质量问题；最后，关键领域数据和学术数据集不足，例如，计算机视觉处理、自然语言处理等领域的数据资源严重不足，能用于学术研究的数据集数量较少，这在一定程度上会影响科研及前瞻性的技术研究。

（5）解决不同软硬件的适配。在实际工程应用中，开发者在开发人工智能应用时往往有多种软件框架和硬件选项可供选择，各种选择也均能取得不错的效果，但是软件框架和硬件选项的多样性也带来了一些在所难免的问题：①不同软件框架的适用性问题。由于各软件框架的底层实现方法不一样，不同软件框架下开发的人工智能模型很难快速转换。比如开发者在TensorFlow框架下开发了一个人脸识别神经网络，并将其开源，而其他框架（如PyTorch、PaddlePaddle等）的使用者很难直接运用TensorFlow中的神经网络模型，还需要对开源的模型进行重构，才能在新的软件框架下成功运行。②软件框架和硬件的适配性问题。计算芯片发展迅速，而软件框架往往很难跟上计算芯片的发展，从而导致底层芯片和软件框架的不适配，使得人工智能算法经常出现异常问题。业界也有公司提出了针对深度神经网络模型的编译器，旨在通过扩充面向深度学习模型的各项专属功能，解决深度学习在不同软件框架、不同硬件设备之间的适配性和可移植性问题。但是，这样的编译器暂时没有统一的标准，各硬件厂商在中间表示层的竞争也成为人工智能技术实用化的阻碍。如何从模型底层、硬件、存储、计算及优化等方面形成统一的标准，将是影响人工智能快速应用和普及的重要环节。

第一，中间表示层解决可移植性问题。在具体的工程实践和应用中，一般采用中间表示层（IR）的规定将人工智能模型（训练完成以后的模型）进行表达和存储。中间表示层可以看作是很多中间件的集合，使用中间表示层可以优化程序性能、提升通信效率。深度学习训练软件框架实现方式各异，为了打通不同的软件框架和不同的表达模式，扩充中间表示层可以使深度学习网络模型编译器更加有效地工作。在深度学习网络模型编译器中，通过新增加的专属中间件可以实现终端侧模型适配性，并可运行在不同的软硬件平台。当前支持中间表示层的包括亚马逊云服务（AWS）所推出的NNVM、TVM和谷歌所推出的XLA-TensorFlow。

亚马逊云服务（AWS）AI团队于2017年9月在DMLC开源社区发布了TVM堆栈，旨在弥合深度学习框架与面向性能或效率的硬件后端之间的鸿沟。TVM堆栈使深度学习框架可以轻松地构建端到端编译。威斯康星大学艾伦分校和AWS的AI团队推出的NNVM编译器作为一种开放式深度学习编译器，将前端框架工作负载直接编译到硬件后端，从而提供了一种适用于所有框架的统一解决方案。NNVM 与 TVM 的联手，使得 NNVM 编译器借助 TVM 堆栈可以实现：①在高级图中间表示层中表示并优化常见的深度学习工作负载；②转换计算图可以最大程度地降低对内存的使用，优化数据布局并融合不同硬件后端的计算模式；③提供从前端深度学习框架到裸机硬件的端到端编译管道。

加速线性代数（XLA）是谷歌推出的一种针对特定领域的线性代数编译器，能够优化 TensorFlow 计算。它可以提高服务器和移动平台的运行速度，改进内存使用情况和可移植性。TensorFlow 是一种灵活且可扩展的深度学习框架，可定义任意数据流图并使用异构计算设备（如 CPU、GPU）以分布式方式高效执行。但 TensorFlow 的灵活性与其目标性能不符，尽管 TensorFlow 旨在支持定义任何类型的数据流图，但要使所有图都能够高效执行却是一件很有挑战的事情。当各操作之间的权重不同时就不能保证这样的组合可以以最有效的方式运行。为此，谷歌内部的 XLA 团队与 TensorFlow 团队合作，推出了 XLA-TensorFlow，用 XLA 作为 TensorFlow 的编译器。XLA 使用 JIT 编译技术来分析用户在运行时创建的 TensorFlow 图，将多个操作融合在一起，并为不同 CPU、GPU 以及自定义加速器（如谷歌的 TPU 等设备）生成高效的本机代码。

第二，模型转换及其交换格式。为了解决不同软硬件的适配问题，除了使用统一的中间表示层对模型进行统一的表达及存储外，输入数据的格式也需要进行处理。由于不同的软件框架实现方式不一样，它们定义的输入数据格式也各有不同，并会采用不同的技术实现数据操作。例如，TensorFlow 定义了 TFRecord，这是一种用于存储二进制记录序列的简单格式，将数据序列化并存储在一组可以线性读取的文件（每个文件100~200MB）中，可支持高效地读取数据，同时也有助于缓存数据的预处理。而 MXNet 及 PaddlePaddle 框架使用的是 RecordIO，这是一组二进制数据交换格式，其基本原理是将数据分成单独的块（也称为"记录"），先在每个记录之前添加该记录的长度值（以字节为单位），然后再保存记录中的数据。但是，RecordIO 并没有正式的格式规范，因此 RecordIO 在实际使用时往往存在一些不兼容的问题。

深度学习网络模型的表示规范主要有两类：一类是 Facebook 和

Microsoft 创建的社区项目所推出的开放神经网络交换（ONNX）；另一类是由开放行业联盟 Khmnos 集团所推出的神经网络交换格式（NNEF）。

ONNX 是由 Facebook 和 Microsoft 创建的社区推出的一种代表深度学习模型的开放格式，可使模型在不同软件框架之间进行转移。ONNX 支持的软件框架目前主要包括 Caffe2、PyTorch、Cognitive Toolkit、MXNet 等，而谷歌的 TensorFlow 并没有被包含在内。ONNX 主要包括以下两个特点：

框架的互操作性：通过启用互操作性可以更快地将设计付之实现。ONNX 让模型可以在一个框架中进行训练，然后转移到另一个框架中进行推理。ONNX 模型已得到 Caffe2、Cognitive Toolkit、MXNet 和 PyTorch 的支持，并且具有许多其他常见的框架和库的连接器。

硬件优化：ONNX 通过硬件优化覆盖更多的开发人员。任何导出 ONNX 模型的工具都可以从 ONNX 兼容的 RUNT-IME 和库中受益。这些 RUNT-IME 和库旨在最大程度地提高深度学习领域某些硬件的最佳性能。2019 年 7 月，ONNXv1.6 正式推出，使用新数据类型和运算符可以支持更多的模型。

NNEF 支持不同设备、平台的应用可以使用丰富的神经网络训练工具和推理引擎（及其组合），能很大程度减少机器学习的零散部署。NNEF 支持包括 PyTorch、Caffe2、TensorFlow 等大多数人工智能软件框架的模型格式转换。目前已经有 30 多家计算芯片企业参与到 NNEF 中。NNEF 的目标是让使用者能够轻松地将经过训练的神经网络转移到不同的推理引擎中。由于神经网络在边缘设备上广泛应用，制造商对于 NNEF 的依赖是至关重要的。因此，NNEF 封装了一个训练神经网络的结构、操作和参数的完整描述，使之独立于用于产生它的训练工具和用于执行它的推理机。

第三，深度学习网络模型编译器解决适应性问题。传统编译器缺少对深度学习算法基础算子的优化，如深度学习算法包含大量的卷积、全连接计算甚至残差网络等，传统编译器未实现算法优化，同时其并未适配多种形态的计算芯片。为了提高深度学习的效率，需要针对人工智能底层计算芯片及上层软件框架设计专属的编译器。目前业界主要通过对传统编译器架构进行升级来解决这个问题。业界绝大多数深度学习网络模型编译器都是按照伊利诺伊大学发起的开源编译器 LLVM 架构设计的。LLVM 是模块化、可重用的编译器及工具链技术的集合，LLVM 是底层虚拟机（Low Level Virtual Machine）

的缩写,但LLVM管理团队特别声明:LLVM与传统虚拟机关系不大,名称"LLVM"本身不是缩写,而是项目的全名。目前有大量基于LLVM软件框架的工具投入使用,形成了具有实际标准意义的生态。当前业界主流编译器主要包括英伟达公司的NVCC、英特尔公司开发的nGraph、NNVM编译器等。

计算机统一设备架构(CUDA)是英伟达公司开发的一种并行计算平台和编程模型,可在GPU上实现多种常规计算。英伟达的NVCC(CUDA编译器)基于LLVM开源编译器的基础结构,可支持GPU加速,为开发人员提供了极大的便利。开发者可以先通过创建特定语言的前端,将该语言编译为LLVM使用的中间表示层(IR),并添加对GPU加速的支持;然后优化前端生成的IR,以便在不同的目标设备上执行程序。开发者可以针对特定处理器的后端添加对新设备的支持。该后端将在优化的LLVM中间表示层(IR)上执行最终编译。英伟达与LLVM组织合作,将CUDA编译器源代码贡献给LLVM内核和并行线程执行后端,从而实现对英伟达GPU的全面支持。

nGraph是一种与框架无关的深度神经网络(DNN)模型编译器,可以适配多种设备。借助nGraph,开发者可以不必担心如何在不同设备上调整其DNN模型来进行训练。nGraph可支持TensorFlow、MXNet、Neon,通过ONNX可以间接支持CNTK、PyTorch、Caffe2。开发者可以在英特尔架构CPU、GPU和英特尔神经网络处理器(NNP)等多种设备上运行这些框架,安装nGraph库并使用该库编写或编译的框架,从而运行训练和推理模型。

(6)移动互联网与传感器的贡献。移动互联网的迅猛发展也是促进人工智能发展的重要因素。移动互联网的出现使智能设备时刻与人类相伴,通过智能设备能够采集到足够充分和完整的数据。相比于个人计算机,智能设备便于携带,并且智能手表、智能手环等可穿戴设备已融入人们的日常生活之中。这些设备贡献的数据是完整和连续的,为后续信息处理和人工智能算法的训练提供了基础。另外,移动互联网为人们带来了不同的使用场景和使用习惯。比如移动互联网让人们可以更倾向于进行语音输入,而非键盘输入;解锁手机的时候更倾向于刷脸解锁,而非输入开机密码或图案。这些使用场景和使用习惯在很大程度上也促进了图像识别、语音识别、自然语言处理等核心技术的发展。受智能手机、可穿戴设备等爆发式增长的推动,传感器无论在数量上还是在质量上都有了巨大的飞跃。传感器的发展,如光刻

（UGA）等微电子技术日趋成熟，使得机器的感知能力变强，进而为机器变"聪明"奠定了基础。通过这些感知能力强的传感器，人们可以获取更准确的数据，如每天走路的步数、心率的变化数据等。

数据是人工智能快速发展的基石，人工智能依赖于数据支持。移动设备数据库庞大，意味着移动设备所贡献的数据量会逐渐成为主流。

3. 人工智能发展带来的冲击

人工智能已经广泛应用于医疗设备与医疗诊断、工业自动化控制、机器人规划与控制、战场辅助决策、环境自动监测、智能仪器、交通出行、金融服务、交互式娱乐等多个领域。在很多领域，人工智能正在帮助人类进行一些原来只属于人类的活动，如医疗诊断、金融投资和理财、智能谱曲和演奏等，人工智能正在以它的快速、准确和智能判断为人类社会发挥着巨大作用。但是，随着人工智能的发展完善和应用领域的不断拓展，有学者预测人工智能将会对人类整体的文明产生巨大冲击。

（1）人工智能对经济的冲击。技术进步对经济的影响一直是经济学家重点关注的问题之一，历史上每一次重大的工业技术进步，都伴随着生产力的大幅度提高。人工智能与大数据等信息技术一样，能对社会经济起到赋能的作用，帮助人类感知、分析、理解和预测。在信息爆炸的知识经济时代，优秀的信息处理技术便是财富，人工智能已经为它的建造者、拥有者和用户带来巨大的经济效益，用更经济、便捷的方法执行任务。

从金融服务业的衍生品来看，与金融相关的经济行为通常都与信息获取的速度及决策的速度紧密相关。例如，证券、期货、外币、债券等方面的交易，正是因为人们获取信息及决策能力的不同才会形成这些金融市场，如果每个人都依赖于人工智能，全球都进入瞬间决策的状态，估计金融市场就不复存在了。这就好比智能导航一样，如果每个人都知道哪个路段拥堵，哪一个路段畅通，而选择走畅通的路段，那就意味着未来的结果恰好相反，预计拥堵的路段车辆会变少，预计畅通的路段车辆会拥塞。

另外，一些学者也在开始思考"奇点"是否会到来，即人工智能的自我提升可能将会很快超过人类思想，导致智慧爆炸，在有限的时间内带来无限的智慧，而人工智能奇点的出现可能会导致经济奇点的到来，即人工智能的快速发展将会越过一个界限，跨过之后，经济增长将会以前所未有的速度加速，使得传统的经济学理论完全失效，经济发展进入到一个人类不可控的阶段。

（2）人工智能对社会的冲击。随着技术的发展，机器已经逐步替代人类从事大部分烦琐重复的工作或体力劳动，机器在给人们带来便利的同时，也让人们越来越担忧自己的工作会被机器所替代，从而引发人们对于失业的担忧。从历史上看，每一次技术进步都对就业可能同时具有负向的抑制效应和正向的创造效应：一方面，技术进步提高了劳动生产率，并会替代部分劳动，从而减少就业机会；另一方面，新技术的发展也会带来新的就业机会。

（3）人工智能对人类思维的冲击。随着人工智能的发展，机器变得越来越"聪明"，而人类必将会越来越依赖机器，这在某种程度上会导致人类认知能力的下降，思维变得懒惰。也就是说，随着机器变得越来越"聪明"，人类有可能会疏于思考，就像现在人们在驾车时普遍依靠导航系统，而自身减弱了对行进路线的记忆和辨识。人工智能对人们的文化水平、新知识的掌握程度又有了更高的要求，导致人工智能技术越发达，越有可能产生部分人被边缘化的现象。

（4）人工智能对教育与就业的影响。发展人工智能的目的是帮助人类变得更加智慧，教育将在这个过程中起到关键性作用。在人工智能时代，个性化自主学习与多维度交流协作将成为学习的主要方式，学生可获得量身定制的学习内容，可以自适应学习、接受虚拟导师的帮助、由教育机器人伴随训练、接受基于虚拟现实与增强现实的场景式教育。在教育领域发展人工智能技术并不是为了取代教师，而是为了协助教师将教学过程变得更加高效、有趣，从而可以让学生用适合自己的方式去学习，既可以提高学习效率，也可以保持更长时间的学习兴趣。

（5）人工智能对隐私权的影响。人工智能对隐私权的影响主要体现在可能干扰个人对自身隐私的自治，可能削弱现有的个人信息保护机制，而且以人工智能为基础的监视系统对隐私信息实施无差别收集。因此，降低甚至消除人工智能对隐私权的影响，既要通过加强隐私权的立法保护和强化技术标准，构建隐私权的事前保护法律制度，也要建立以公益诉讼和消费者集体诉讼为主体的事后救济机制。

二、人工智能的学派

人工智能是用计算机模拟人脑的学科，因此模拟人脑成为它的主要研究内容。但由于人脑的研究极为复杂，目前人工智能学者对它的研究是通过模拟方法，按三个不同角度与层次对其进行探究，从而形成三种学派。首先，从人脑内部生物结构角度的研究所形成的学派，称为结构主义或连接主义学派，其典型的研究代表是人工神经网络；其次，从人脑思维活动形式表示的角度的研究所形成的学派，称为功能主义或符号主义学派，其典型的研究代表是形式逻辑推理；最后，从人脑活动所产生的外部行为角度的研究所形成的学派，称为行为主义或进化主义学派，其典型的研究代表是 Agent。

（一）符号主义学派

符号主义又称逻辑主义、心理学派或计算机学派，其主要思想是从人脑思维活动形式化表示角度研究探索人的思维活动规律。它即是亚里士多德所研究形式逻辑及其以后所出现的数理逻辑，又称符号逻辑。而应用这种符号逻辑的方法研究人脑功能的学派就称为符号主义学派。

在20世纪40年代中后期出现了数字电子计算机，这种机器结构的理论基础也是符号逻辑，因此从人工智能观点看，人脑思维功能与计算机工作结构方式具有相同的理论基础，即都是符号逻辑。故而符号主义学派在人工智能诞生初期就被广泛应用。以此类推，凡是用抽象化、符号化形式研究人工智能的都称为符号主义学派。

总体来看，所谓符号主义学派即是以符号化形式为特征的研究方法，它在知识表示中的谓词逻辑表示、产生式表示、知识图谱表示中，以及基于这些知识表示的演绎性推理中都起到了关键性指导作用。

（二）连接主义学派

连接主义又称仿生学派或生理学派，其主要思想是从人脑神经生理学结构角度研究探索人类智能活动规律。从神经生理学的观点看，人类智能活动都出自大脑，而大脑的基本结构单元是神经元，整个大脑智能活动是相互连接的神经元间的竞争与协调的结果，它们组织成一个网络，称为神经网络。研究人工智能的最佳方法是模仿神经网络的原理构造一个模型，称为人工神经网络模型，以此模型为基点开展对人工智能的研究。用这种方法研究人脑智能的学派称为连接主义学派。

连接主义学派早在人工智能出现前的20世纪40年代的仿生学理论中就有很多研究，并基于神经网络构造出世界上较早的人工神经网络模型——MP模型（神经网络和数学模型），自此以后，直至20世纪70年代，此方面的研究成果不断出现。但由于此阶段模型结构及计算机模拟技术等方面的限制较多，未取得较大进展，直到20世纪80年代Hopfield模型的出现以及相继的反向传播BP模型的出现，标志着人工神经网络的研究又开始走上发展道路。

2012年对连接主义学派而言是一个具有划时代意义的一年，具有多层结构模型——卷积神经网络模型与当时兴起的大数据技术、再加上飞速发展的计算机新技术三者的有机结合，使它成为人工智能第三次高潮的主要技术手段。连接主义学派的主要研究特点是将人工神经网络与数据相结合，实现对数据的归纳学习从而达到发现知识的目的。

（三）行为主义学派

行为主义学派又称进化主义或控制论学派，其主要思想是从人脑智能活动所产生的外部表现行为角度研究探索人类智能活动规律。这种行为的特色可用感知-动作模型表示。这是一种以控制论的思想为基础的学派。早在人工智能出现前的20世纪40年代，有关行为主义学派的研究工作的控制理论及信息论中就有了很多研究，在人工智能出现后得到较大发展，其近代的基础理论思想，如知识获取中的搜索技术以及智能代理方法等，而其应用的典型即是机器人，特别是智能机器人。在近期人工智能发展新的高潮中，机器人与机器学习、知识推理相结合，所组成的系统成为人工智能新的标志。

三、人工智能的学科体系

从人工智能发展的历史中可以看出，这门学科的发展并不顺利，到了2016年才真正迎来了稳定的发展，因此对人工智能学科体系的研究也是断断续续，直到今日还处于不断探讨与完善之中。整个人工智能学科体系可分为三个部分，它们组成了一个完整的体系框架。

（一）人工智能的理论基础

任何一门正规的学科，必须有一套完整的理论体系做支撑，对人工智能学科而言也是如此。到目前为止，人工智能学科已初步形成一个相对完整的理论体系，为整个学科研究奠定基础。人工智能基础理论主要研究的是用"模拟"人类智能的方法所建立的一般性理论。人工智能的基础理论分两个层次：

第一层次：人工智能的基本概念、研究对象、研究方法及学科体系。

第二层次：基于知识的研究。它是基础理论中的主要内容，包括以下内容：

1. 知识

人工智能研究的基本对象是知识，它所研究的内容是以知识为核心的，包括知识表示、知识组织管理、知识推理等。

2. 知识表示

在人工智能中知识因不同应用环境有不同表示形式，目前常用的就有十余种，其中最常见的有：谓词逻辑表示、状态空间表示、产生式表示、语义网络表示、框架表示、黑板表示、本体与知识图谱表示等多种表示方法。

3. 知识组织管理

知识组织管理就是知识库，它是存储知识的实体，且具有知识增、删、改及知识查询、知识获取（如推理）等管理功能，此外还具有知识控制，包括知识完整性、安全性及故障恢复功能等管理能力。知识库按知识表示的不同形式管理，即一个知识库中所管理的每类知识表示的形式只有一种。

4. 知识推理

人工智能研究的核心内容之一是知识推理。此中的推理指的是通过一般性的知识获得个别知识的过程，这种推理称为演绎性推理。这是符号主义学派所研究的主要内容。知识推理有多种不同方法，可因不同的知识表示而有所不同，常用的方法有基于状态空间的搜索策略、基于谓词逻辑的推理等。

5. 知识发现

人工智能研究的另一个核心内容是知识归纳，又称知识发现或归纳性推理。此中的归纳指的是由多个个别知识获得一般性知识的过程，这种推理称为归纳性推理。这是连接主义学派所研究的主要内容。知识归纳有多种不同方法，常用的方法有人工神经网络、决策树、关联规则以及聚类分析等。

6. 智能活动

上面五个内容表示了智能的内在活动，但是在整个智能活动中，还需要与外部环境交互——外部的智能活动过程。这是行为主义学派所研究的主要内容。一个智能体的活动必定受环境中的感知器的触发而启动智能活动，活动产生的结果通过执行器对环境产生影响。

（二）人工智能的应用技术

人工智能是一门应用性学科，在其基础理论支持下与各应用领域相结合进行研究，产生多个应用领域的技术，它们是人工智能学科的下属分支学科。目前这种与应用领域相关的分支学科随着人工智能的发展而不断增加。人工智能应用性技术研究的是用"模拟"人类智能的方法与各应用领域相融合所建立的理论。

在人工智能学科中，有很多以应用领域为背景的学科分支，对它们的研究是以基础理论为手段，以领域知识为对象，通过这两者的融合最终达到模拟该领域应用为目标。人工智能较为热门的应用领域分支有：

1. 机器博弈

机器博弈分人机博弈、机机博弈以及单机、双机、多机等多种形式。其内容包含传统的博弈内容，如棋类博弈，从原始的五子棋、跳棋到中国象棋、国际象棋及围棋等。如球类博弈，从排球、篮球到足球等。

机器博弈是智能性极高的活动，一般认为，机器博弈的水平高低是人工智能水平的主要标志，对它的研究能带动与影响人工智能多个领域的发展。因此目前国际上各大知名公司都致力于机器博弈的研究与开发。

2. 自然语言处理

"语言是观察人类智能的重要窗口，自然语言处理是人工智能皇冠上的明珠。"[①]自然语言处理起源于机器翻译,后扩展至自然语言理解、语音识别及自然语言生成等内容。对自然语言处理的研究涉及多种自然语言中的语法、语义、语用等多方面的应用领域知识,以及用人工智能基础理论中的思想、方法与手段对其作研究,用以处理自然语言中的理解与生成以及语音识别,最终达到用计算机系统实现的目的。

3. 模式识别

人类通过五官及其他感觉器官接受与识别外界多种信息,如听觉、视觉、嗅觉、触觉、味觉等,其中听觉与视觉占所有获取信息的90%以上,具体表现为文字、声音、图形、图像以及人体、物体等的识别。模式识别指的是利用计算机模拟对人的各种识别的能力。目前主要的模式识别有:①声音识别,包括语音、音乐及外界其他声音的识别;②文字识别,包括联机手写文字识别、光学字符识别等多种文字的识别;③图像识别,如指纹识别、个人签名识别以及印章识别等。

4. 知识工程与专家系统

知识工程与专家系统是用计算机系统模拟各类专家的智能活动,从而应用于相关领域。其中,知识工程是计算机模拟专家的应用性理论,专家系统则是在知识工程的理论指导下实现具有某些专家能力的计算机系统。

5. 智能机器人

智能机器人一般分为工业机器人与智能机器人,在人工智能中一般指的是智能机器人。这种机器人是一种类人的机器,它不一定具有人的外形,但可能具有一些与人相似的基本功能,模拟人的感知功能,人脑的处理能力以及人的执行能力。这种机器人由计算机在内的机电部件与设备组成。

6. 智能决策支持系统

单位与个人对一些重大事件,其做出的决断称为决策,如某公司对某个项目投资的决策;个人对高考填报志愿的决策等。决策是一项高智能活动,智能决策支持系统是一个计算机系统,它能模拟与协助人类的决策过程,使决策更为科学、合理。

[①] 冯志伟. 神经网络、深度学习与自然语言处理 [J]. 上海师范大学学报(哲学社会科学版),2021,50(02):110.

7. 计算机视觉

由于视觉是人类从整个外界获取的信息最多的，所占比例高达80%以上，因此对人类视觉的研究特别重要，在人工智能中称为计算机视觉。计算机视觉研究的是用计算机模拟人类视觉功能，用以描述、存储、识别、处理人类所能见到的外部世界的人物与事物，包括静态的与动态的、二维的与三维的。最常见的有人脸识别、卫星图像分析与识别、医学图像分析与识别、图像重建等内容。

（三）人工智能的应用开发

人工智能是一门用计算机模拟人脑的学科，因此在人工智能技术的下层应用领域中，最终均需用计算机技术实施应用开发，用一个具有智能能力的计算机系统以模拟应用领域中的一定智能活动作为其最后目标。

人工智能的计算机应用开发研究的是智能模型的计算机开发实现。

人工智能学科体系的这三个部分是按层次相互依赖的。其中基础理论是整个体系的底层，而应用技术则是以基础理论作支撑建立在各应用领域上的技术体系。最后以上面两层技术与理论为基础，用现代计算机技术为手段，构建起一个能模拟应用中智能活动的计算机系统作为其最终目标。

人工智能学科的最上层次即是它的各类应用以及应用的开发。

1. 人工智能的应用模型

以人工智能基础理论及应用技术为手段，可以在众多领域生成应用模型，应用模型即是实现该应用的人工智能方法、技术及实现的结构、体系组成的总称。例如人脸识别的模型简单表示为：

（1）机器学习方法。用卷积神经网络方法，通过若干个层面分步实施的手段。

（2）图像转换装置。需要有一个图像转换装置将外部的人脸转换成数据。

（3）大数据方法。这种转换成数据的量值及性质均属大数据级别，必须按大数据技术手段处理。

将以上三者通过一定的结构方式组合成一个抽象模型。根据此模型，整个人脸识别流程是：人脸经图像转换装置后成为计算机中的图像数据，然后按大数据技术手段对数据作处理，成为标准的样本数据。将它作为样本数据输入，进入卷积神经网络作训练，最终得到训练结果作为人脸识别的模型。

2. 应用模型的计算机开发

以应用模型为依据，用计算机系统作开发，最终形成应用成果或产品。在这个阶段，重点在计算机技术的应用上着力，具体内容包括：

（1）依据计算机系统工程及软件工程对应用模型作系统分析与设计。

（2）依据设计结果，建立计算机系统的开发平台。

（3）依据设计结果，建立数据组织并完成数据体系开发。

（4）依据设计结果，建立知识体系并完成知识库开发。

（5）依据设计结果，建立模型算法并做系统编程以完成应用程序开发。

到此为止，一个初步的计算机智能系统就形成了。还需继续按计算机系统工程及软件工程做后续工作：

（6）依据计算机系统工程及软件工程作系统测试。

（7）依据计算机系统工程及软件工程将测试后的系统投入运行。

一个具有实用价值的计算机智能系统就开发完成了。

第二节　人工智能安全及发展

从人工智能内部视角看，人工智能系统和一般信息系统一样，难免会存在脆弱性，即人工智能的内生安全问题。一旦人工智能系统的脆弱性在物理空间中暴露出来，就可能引发无意为之的安全事故。

从人工智能外部视角看，人们直观上往往会认为人工智能系统可以单纯依靠人工智能技术构建，但事实上，单纯考虑技术因素是远远不够的，人工智能系统的设计、制造和使用等环节，还必须在法律法规、国家政策、伦理道德、标准规范的约束下进行，并具备常态化的安全评测手段和应急防范控制措施。

综上所述，可将人工智能安全分为三个子方向：人工智能助力安全、人工智能内生安全和人工智能衍生安全，如图5-2所示。其中，人工智能助力安全体现的是人工智能技术的赋能效应；人工智能内生安全和衍生安全体现的是人工智能技术的伴生效应。人工智能系统并不是单纯依托技术而构建的，还需要与外部多重约束条件共同作用，以形成完备合规的系统。

人工智能安全体系架构及外部关联

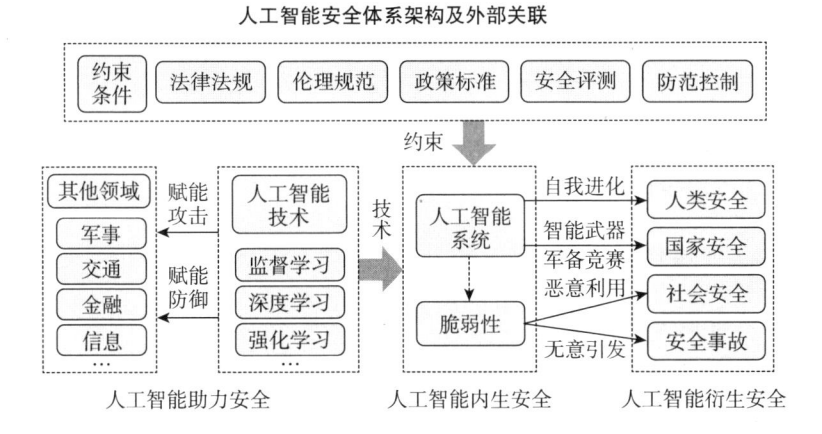

图5-2 人工智能安全体系架构

一、人工智能助力安全

任何新技术的出现，势必会带来新的安全问题。新的信息技术通常会因其自身尚不成熟、不完备而引发两种新的安全问题：一种是新技术系统自身的脆弱性导致系统自身出现问题，称为内生安全；二是新技术的脆弱性并未给系统自身带来问题，但却会引发其他领域的安全问题，称为衍生安全。

从内生安全的角度来看，部分原因是因为新技术存在着一些安全漏洞，但这些漏洞通常是会被发现并且被改进的；还有一种情况就是新技术存在着天然的缺陷，使得有一些问题客观存在，无法通过改进来解决，只能采取其他手段来加以防护。

从衍生安全的角度来看，其本质就是新技术因其脆弱性而存在着一定的副作用，但对新技术系统本身不产生什么影响，因此这种脆弱性就不会被新技术自身主动地加以改进。例如，社交网络如果是非实名制的，通常不会对社交网络本身造成较大影响，但却有可能涉及其他安全问题。

"新技术赋能攻击"效应本身也能反映出与衍生安全类似的特征，只不过新技术赋能的特征在于新技术系统很强大，被用在了安全攻击的用途上。从安全攻击的角度来说，新技术的衍生安全和新技术的赋能攻击都能助力于攻击行为，差别是前者依赖于新技术系统的脆弱性，且新技术自身不可掌控，后者依赖于新技术系统的强大能力，且应用目标明确。

近年来，人们见证了云计算、边缘计算、物联网、人工智能、工业互联网、大数据、区块链等新兴领域的信息技术的不断出现及普及。虽然这些新技术具有巨大的影响潜力，但它们也带来了不可避免的安全挑战。同样，人工智能也会带来一系列安全挑战。下面将从助力防御和助力攻击两个方面论述人工智能如何助力安全。

（一）人工智能助力防御

1. 物理智能安防监控

物理智能安防监控是保障物理安全的一种重要技术手段，涉及实体防护、防盗报警、视频监控、防爆安检、出入口控制等。安防领域作为人工智能技术成功落地的一个应用领域，其技术及成果已经引起国内很多安防企业的重视，许多企业开始从技术、产品等不同角度涉足人工智能。推动安防监控发展的关键人工智能技术包括智能视频监控、体态识别与行为预测、知识图谱和智能安防机器人等。

（1）智能视频监控：对人的整体识别和追踪可达到实用的程度，能够将人的各种属性进行关联分析与数据挖掘，从监控调阅、人员锁定到人的轨迹，追踪时间由天缩短到分秒，实现安防监管的实时响应与预警。

（2）体态识别与行为预测：通过人的姿态进行识别。由于每个人骨骼长度、肌肉强度、重心高度以及运动神经灵敏度都不同，使得每个人的生理结构存在差异性，因此决定了每个人步态的唯一性。体态识别与人脸识别不同，它在超高清摄像头下识别距离可达50m，识别速度在200ms以内。在公共场所安全监控的过程中，当人的面部无法捕捉到或者捕捉到的面部图像不清晰时，通过对人的体态识别，能够推断这个人接下来即将进行的动作，可以有效预防犯罪。

（3）知识图谱：知识图谱的本质是使用多关系图（多种类型的节点和多种类型的边）来描述真实世界中存在的各种实体或概念，以及它们之间的关系。安防大数据利用知识图谱将海量时空多维的信息进行实体属性关联分析，提高对数据与情报的检索和分析能力。

（4）智能安防机器人：智能安防机器人有许多种类。智能安防巡检机器人利用移动安防系统携带的图像、红外、声音、气体等多种传感检测设备在工作区域内进行智能巡检，将监测数据传输至远端监控系统，并可通过计算机视觉、多传感器融合等技术进行自主判断决策，在发现问题后及时发出报警信息。智能消防机器人能代替消防救援人员进入易燃、易爆、有毒、缺氧、浓烟等危险灾害事故现场进行灭火，完成数据采集、处理、反馈以及火情控制等作业。车底检查机器人可对各种车辆底盘、车辆座位下方进行精确检查，发现并协助排查车底可疑危险品，具有取样、抓取、转移、排除能力。

2. 智能入侵检测

针对复杂的网络行为，基于特征法则的传统网络攻击识别算法存在着大量的误报、漏报和冗余延迟等问题。由于网络流和主机数据可以自主判定系统中的行为。因此，这种基于分类的方法比基于特征的识别方法，如机器学习等方式，具有更好的处理性能。随着人工智能技术的飞速发展，与现有的入侵探测技术相比，智能入侵检测在探测性能和速度等方面，都取得了极佳的改善效果。基于智能技术在检测中的不断更新与知识积累，智能入侵检测技术能够有效地探测到新的攻击，并且能够降低虚警率，从而提高探测速度。近年来，随着计算机技术的发展，计算机APT技术正在引发广泛关注。现有的APT探测技术普遍以人工神经元为基础，并对以往技术的弱点进行了深入分析，建立起了一种具有较强侦测能力的感应系统，可以抵御各种攻击和病毒的侵袭，这使得智能入侵检测技术已经成为人工智能助力防御的关键手段。

3. 恶意代码检测与分类

恶意程式主要包括蠕虫、木马、僵尸程式、勒索程式、间谍程式等。现在已经有很多基于源代码、二进制代码和执行阶段特性的机器学习方法来识别恶意代码。

在恶意代码的探测中，大量数据的散列值、签名特征、API函数调用序列、字符串特征等静态特征，都可以根据恶意程序的运行特性，从CPU占用率、内存消耗、网络行为、主机驻留行为等构造出一系列的特征，然后使用深度学习和机器学习来识别和判断可疑的恶意代码。

4.基于知识图谱的威胁猎杀

"威胁猎杀"是一种以"人"为主体的深度侦查，它是一种主动式的、能够在主动防卫层次上不断进行的、能够发现潜在危险的探测手段。威胁猎杀团队、威胁猎杀工具、数据和知识是威胁猎杀的重要因素，三者可以互相促进。威胁猎杀小组必须利用自动的恐吓追踪设备来收集资料，利用相关资料进行分析，发掘新的资讯，并为猎杀小组提供危险的提示。威胁猎杀技术的核心在于建立基于知识的结构体系，从而引导使用者进行高效的检测、防御和响应。

5.用户实体行为分析

用户实体行为分析（UEBA）是在用户行为分析（UBA）的基础上演变而来的。这里所增加的"E"是指实体（Entity），代指资产或设备，如服务器、终端、网络设备等。UEBA用于描绘用户与实体的正常行为画像，从而达到异常检测和发现潜在威胁的目的。

机器学习是UEBA的重要组成部分，核心思路是利用机器学习算法学习历史数据，构建正常行为模型，并识别正常行为偏差。例如，通过分析小概率事件发现异常，突破传统规则分析方法的局限。同样也可以通过深度学习平台去训练更有效的UEBA模型。目前基于UEBA的思路已经在数据泄露、网络流量异常检测和高级持续性威胁检测等方面开始应用。

6.垃圾邮件检测

传统垃圾邮件检测方法主要是在邮件服务器端设置规则进行过滤检测。其规则通过配置发送端的IP地址/IP网段、邮件域名地址、邮箱地址、邮件主题或内容关键字等特征进行黑白名单设置。该方法只能检测已知垃圾邮件，规则更新具有滞后性，检测效率低。

利用人工智能技术，实现规则的自动更新，能够有效地解决传统垃圾邮件检测方法存在的不足。利用机器学习算法对邮件文本分类是主流的解决方案。

（二）人工智能助长攻击

1.自动化网络攻击

由人工智慧推动的自动化网络攻击是目前研究的热点。黑客不断提高自身的科技水平，并将人工智能技术应用到攻击策略和技术策略中，以达到对网路攻击的自动控制。

（1）GAN的联机验证密码：该密码是一种由中国西北大学、北京大学、英国兰开斯特大学联合研发的智能技术，能够在0.5s之内攻破Captcha的网络验证代码，这种密码的创新性是利用GAN产生培训资料。这个体系无需采集和标注成千上万的Captcha样品，仅需500个Captcha样品即可学会，利用这些样品产生几百万乃至几十亿的人工培训资料，还能成功地进行Captcha网上验证图像分类。

（2）自动鱼叉钓鱼：它是一种以Twitter为基础的终端对终端的自动鱼叉钓鱼方式，利用鱼叉的方式进行训练，通过在特定对象和特定对象的关注者中，实时地插入主题，以提高点击率。在近百人的实验中，这种方法的有效性维持在30%～60%之间，而常规的广泛撒网捕鱼的成功几率仅为5%～14%。这充分表明，利用人工智能技术可以提高鱼叉捕鱼的精度，并扩大鱼叉捕鱼的规模。

（3）自动渗入试验：采用仿照实际黑客入侵的方式，进行目标网络与体系的安全性评价，从实际攻防的视角，找出体系存在的弱点，是最行之有效的评价方式。在信息收集、鱼叉邮件定向投递、漏洞利用、代码执行、权限提升、横向移动和内部网络渗透等方面，要全面应用被许可的渗透试验工程理论。

2. 助长网络攻击，加快网络攻击速度

人工智能技术可以极大地提升恶意程序编写与发布的水平，并且可以在不被发现的情况下，自动地改变程序的编码特征，避免被反病毒产品发现。

人工智能技术也可以产生具有可伸缩性的智能丧尸网络。在蜂群和机器人的群组中，人工智能技术将会得到广泛的运用，这些技术可以通过数以百万计的相互关联的装置或机器，在同一时间内，对各种攻击介质进行辨识，并通过自身的学习，进行规模空前的自动打击。蜂群的网络和普通的智能网络相比完全不同，蜂群网络是通过AI技术建立起来的，在没有丧尸群的指挥下，蜂群网络可以按照当地的信息进行通讯，通过集体信息完成任务。随着蜂群系统的发现以及相关病毒入侵的位置越来越多，相应的蜂群网络数量呈几何倍数增加，因此可以一次对多个单位进行攻击。这从根本上说明了智能化物联网装置能够被任何人操控,并且能够主动地向易受威胁的系统发起进攻。

3. 助长有害信息的传播

个性化智能推荐融合了人工智能相关算法,根据用户浏览记录、交易信息等数据,对用户兴趣爱好、行为习惯进行分析与预测,根据用户偏好推荐信息内容。正因如此,智能推荐可能被利用,传播负面信息,并可使虚假消息、违法信息、违规言论等不良信息内容的传播目的性、隐蔽性更强,传播负面影响而不被举报。因此,如何防范这种融合人工智能的有害信息传播,是计算机安全领域较为重要的挑战。

4. 神经网络后门

未来,将会有一种可以被广泛应用的机器和神经网络模式,经过培训的人工智能将会变成一种生活必需品。这种模式可以被用于发布、共享、再培训或再出售,同时还可以为攻击者带来大量的袭击可能。黑客可能会对这些公用的神经网络模式进行攻击。这种被安装了后门机器人的装置,在普通信号下还能正常工作,但在使用了后门触发装置之后,就会被认为是攻击目标。在这种情况下,如果攻击者再发行带有"后门"的神经网路模式并加以移植使用,则将会给如人脸识别和自动驾驶等AI应用技术造成威胁。

神经网络后门的构建主要经历了以下三个步骤:

(1)生成木马触发。木马病毒是一系列特定的输入变量,木马病毒可以引发一系列的神经网络木马,木马病毒代表了特定的输入参数,可以由特定的模型生成触发器。

(2)形成培训资料。培训资料的形成是在给定输出标记后,利用训练资料生成运算法则,产生具有高可信度的输入信号,由此得到一套可供重新培训的资料集。

(3)重新进行建模。利用两个阶段产生的触发信号和学习信息,对已选择的神经网络进行再次培训,结果表明该算法在无触发状态下运行良好,而触发状态下的神经网络可以实现状态隐藏功能。

二、人工智能内生安全

人工智能内生安全指的是人工智能系统自身存在脆弱性。脆弱性的成因包含诸多因素，人工智能框架/组件、数据、算法、模型等任一环节都可能导致系统的脆弱性。

在框架/组件方面，难以保证框架和组件实现的正确性和透明性是人工智能的内生安全问题。框架是开发人工智能系统的基础环境，相当于人们熟悉的 Visual、C++ 的 SDK 库或 Python 的基础依赖库，重要性不言而喻。国际上已经推出了大量的开源人工智能框架和组件，并得到了广泛使用。然而，由于这些框架和组件未经充分安全测评，可能存在漏洞甚至后门等风险。一旦基于不安全框架构造的人工智能系统被应用于重要的民生领域，这种因为"基础环境不可靠"而带来的潜在风险就更加值得关注。

在数据方面，缺乏对数据正确性的甄别能力是人工智能的内生安全问题。人工智能系统从根本上还是遵从人所赋予的智能形态，而这种赋予方式来自于学习，学习的正确性取决于输入数据的正确性，输入数据的正确性是保证生成正确的智能系统的基本前提。同时，人工智能在实施推理判断的时候，其前提也是要依据所获取的数据来进行判断。因此，人工智能系统高度依赖数据获取的正确性。然而，数据正确的假定是不成立的，有多种原因使得获取的数据质量低下。例如，数据的丢失或变形、噪声数据的输入，都会对人工智能系统造成严重的干扰。

在算法方面，难以保证算法的正确性也属于人工智能的内生安全问题。智能算法可以说是人工智能的引擎，现在的智能算法普遍采用机器学习的方法，就是直接让系统面对真实的数据来进行学习，以生成机器可重复处理的形态。最经典的当属神经网络与知识图谱。神经网络是通过"输入－输出"来学习已知的因果关系，通过神经网络的隐含层来记录所有已学习过的因果关系，经过综合评定后所得的普适条件。知识图谱是通过提取确定的输入数据中的语义关系，来形成实体、概念之间的关系模型，从而为知识库的形成提供支持。两者相比，神经网络像是一个黑盒子，其预测能力很强；知识图谱则更像是一个白盒子，其描述能力很强。智能算法存在的安全缺陷一直是人工智能安全中的严重问题。例如，对抗样本就是一种利用算法缺陷实施攻击的技术，自动驾驶汽车的许多安全事故，也可归结为由于算法不成熟而导致的。

在模型方面，难以保证模型不被窃取或污染同样属于人工智能的内生安全问题。通过大量样本数据对特定的算法进行训练，可获得满足需求的一组参数，将特定算法和训练得出的参数整合起来就是一个特定的人工智能模型。因此，可以说模型是算法和参数的载体，并以实体文件的形态存在。既然模型是一个可复制、可修改的实体文件，就存在被窃取和被植入后门的安全风险，这就是人工智能模型需要研究的安全问题。

三、人工智能衍生安全

人工智能衍生安全指人工智能系统因自身脆弱性而导致危及其他领域安全。衍生安全问题主要包括四类：人工智能系统因存在脆弱性而被攻击；人工智能系统因自身失误引发安全事故；人工智能武器研发可能引发国际军备竞赛；人工智能行为体（AIA）一旦失控将危及人类安全。

人工智能系统因存在脆弱性而被攻击，与内生安全中所说的脆弱性之间的关系，相当于一个硬币的正反面。因为人工智能系统存在脆弱性，所以可被攻击进而导致安全问题。例如，可利用自动驾驶汽车的软件漏洞远程控制其超速行驶，自动驾驶汽车自身存在的漏洞是内生安全问题，由此导致的车辆被攻击进而超速行驶就是衍生安全问题。

人工智能系统因算法不成熟或训练阶段数据不完备等原因，导致其常常存在缺陷。这种缺陷即便经过权威的安全评测也往往不能全部暴露出来。因此，人工智能系统在投入实际使用时，就容易因自身缺陷而引发人身安全问题。具有移动能力和破坏能力的人工智能行为体，可引发的安全隐患尤为突出。

人工智能技术因强大而可以赋能武器研发，这属于助力攻击范畴，但这种赋能效应并不会简单地停留在赋能武器研发上，还会因为缺乏行之有效的国际公约而难以控制国家间的军备竞赛，这将给人类安全及世界和平带来巨大威胁。因此，将人工智能武器研发可能引发的国际军备竞赛列入衍生安全范畴。

AIA一旦同时具有行为能力以及破坏力、不可解释的决策能力、可进化成自主系统的进化能力这三个失控要素，不排除其脱离人类控制和危及人类安全的可能。AIA失控这个衍生安全问题，无疑是人类在发展人工智能时最需要关注的问题。

第三节 人工智能时代计算机网络安全的防护

在人工智能时代，网络信息资源的共享达到前所未有的深度和广度。这在一定程度上加大了计算机网络信息保护的难度。对计算机领域的研发人员和工作人员来说，如何确保网络信息安全，做好网络信息安全防护工作至关重要。

一、及时安装安全可靠的杀毒软件

杀毒软件是保护计算机设备不被入侵的重要手段。通过杀毒软件，用户可以自行检查电子设备是否存在病毒，尤其是木马病毒或者其他恶意软件的入侵，从而自行保护计算机网络信息安全。

二、通过加密数据信息保护计算机网络信息

对电脑网络资讯进行加密的技术，是以专门的方式来解析、加密资料，然后由接受方对加密资料进行解密、还原。在信息技术日新月异的今天，借助密码技术对计算机网络中的信息进行安全防护，已经是一种十分常见的手段。在数据信息加密技术的支持下，电脑的数据储存将变得更加安全。

三、定期进行漏洞检查并及时安装补丁

计算机用户要定期进行漏洞检查，可以通过建立防火墙加强对计算机数据信息的保护，其防护效率比较高。通过建立一个涵盖软件和硬件的防护网，阻挡某些病毒或者恶性软件的攻击。然而，在修补漏洞的同时，还要加强辨别能力，避免在下载补丁的同时，下载到隐蔽的病毒，从而造成计算机设备的瘫痪。此外，防火墙还可以对系统进行及时的漏洞检查，通过安全检测和检查，用户可以及时地下载补丁进行修补。

第六章 云计算技术与数据安全研究

第一节　云计算的基础架构与部署模式

随着高速网络和移动网络的衍生，高性能存储、分布式计算、虚拟化等技术的发展，云计算服务正日益演变为新型的信息基础设施，并得到各方的高度重视。云计算是一种模式，计算资源（包括网络、服务器、存储、应用软件及服务等）存储在可配置的资源共享池中，云计算通过便利的、可用的、按需的网络访问计算资源。计算资源结果能够被快速提供并发布，最大化地减少管理资源的工作量或与服务提供商的交互。

一、云计算的基础架构

云计算其实是分层的，这种分层的概念也可视为其不同的服务模式。云的服务模式包含基础设施即服务（IaaS）、平台即服务（PaaS）和软件即服务（SaaS）三个层次。基础设施即服务在最下端，平台即服务在中间，软件即服务在顶端。云计算的三种服务模式如图6-1所示。

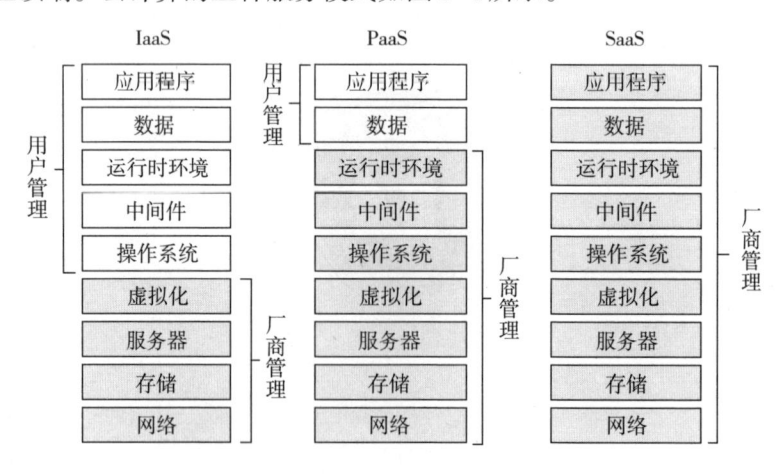

图6-1　云计算的三种服务模式

（一）基础设施即服务（IaaS）

基础设施即服务在服务层次上是最底层服务，接近物理硬件资源，先将处理、计算、存储和通信等具有基础性特点的计算资源进行封装后，再以服务的方式面向互联网用户提供处理、存储、网络以及其他资源方面的服务，以便用户能够部署操作系统和运行软件。这样用户就可以自由部署、运行各类软件（包括操作系统），满足用户个性化需求。底层的云基础设施此时独立在用户管理和控制之外，通过虚拟化的相关技术实现，用户可以控制操作系统，进行应用部署、数据存储，以及对个别网络组件（如主机、防火墙）进行有限的控制。

（二）平台即服务（PaaS）

平台即服务是构建在 IaaS 之上的服务，把开发环境对外向客户提供。PaaS 为用户提供了基础设施及应用双方的通信控制。具体来讲，用户通过云服务提供的基础开发平台运用适当的编程语言和开发工具，编译运行云平台的应用，以及根据自身需求购买所需应用。用户不必控制底层的网络、存储、操作系统等技术问题，底层服务对用户是透明的，这一层服务是软件的开发和运行环境，是一个开发、托管网络应用程序的平台。

（三）软件即服务（SaaS）

软件即服务是指提供终端用户能够直接使用的应用软件系统。服务提供商提供应用软件给互联网用户，用户使用客户端界面通过互联网访问服务提供商所提供的某一应用，但用户只能运行具体的某一应用程序，不能试图控制云基础设施。常见的 SaaS 应用包括 Sales force 公司的在线客户关系管理系统 CRM 和谷歌公司的 Google Docs、Gmail 等应用。SaaS 是一种软件交付模式，将软件以服务的形式交付给用户，用户不再购买软件，而是租用基于 Web 的软件，并按照对软件的使用情况来付费。SaaS 由应用服务提供发展而来，应用服务提供仅对用户提供定制化的服务，是一对一的，而 SaaS 一般是一对多的。SaaS 可基于 PaaS 构建，也可直接构建在 IaaS 上。

二、云计算的部署模式

（一）私有云

私有云是指企业自主开发使用的云，私有云提供的服务仅限于企业内部人员或分支机构使用，而不会给其他人使用。通常情况下，私有云的组建主要由大型企业的分支机构或政府相关部门负责，私有云是政府单位、企业部署 IT 系统的主要模式。与公有云相比，私有云具有独特的优势，即可以统一管理和计算资源，将计算资源进行动态分配。构建私有云需要构建独有的数据中心，需要购买基础设施，需要足够的人力、物力维持运行，所以，私有云的 IT 成本较高。私有云可以为固定的环境提供良好的云服务，私有云本身的云规模并不大，所以，私有云在云部署模式中遭受的安全风险和攻击较小。

私有云的网络、计算以及存储等基础设施都是为单独机构所独有的，并不与其他机构分享（如为企业用户单独定制的云计算）。由此，私有云出现了多种服务模式，具体如下：

第一，专用的私有云运行在用户拥有的数据中心或者相关设施上，并由内部 IT 部门操作。

第二，团体的私有云位于第三方位置，在定制的服务水平协议（SLA）及其他安全合规的条款约束下，由供应商拥有、管理并操作云计算。

第三，托管的私有云的基础设施由用户所有，并交由云计算服务提供商托管。

大体上，在私有云计算模式下，安全管理以及日常操作是划归到内部 IT 部门或者基于 SLA 合同的第三方的。这种直接管理模式的好处在于，私有云用户可以高度掌控及监管私有云基础设施的物理安全和逻辑安全层面。这种高度可控性和透明度，使得企业容易实现其安全标准、策略以及合规。

（二）公有云

公有云指为外部客户提供服务的云，它所有的服务都是供别人使用的。目前，公有云的建立和运行维护多为大型运营组织，他们拥有大量计算资源并对外提供云计算服务，使用者可节省大量成本，无需自建数据中心和自行维护，只需要按需租用付费即可。

公有云模式具有较高的开放性，对于使用者而言，公有云的最大优点是其所应用的程序、服务及相关数据都存放在公共云的提供者处，自己无需做相应的投资和建设。而最大的缺点是，由于数据不存储在自己的数据中心，用户几乎不对数据和计算拥有控制权，可用性不受使用者控制，其安全性存在一定风险。故和私有云相比，公有云所面临的数据安全威胁更为突出。

（三）混合云

混合云由两种以上的云组成，指供自己和客户共同使用的云，它所提供的服务既可以供别人使用，也可以供自己使用。混合云模式中，每种云保持独立，相互间又紧密相连，每种云之间又具有较强的数据交换能力，考虑其组成云的特性不同，用户会把私密数据存储到私有云，将重要性不高、保密性不强的数据和计算存放到公有云。当计算和处理需求波动时，混合云使企业能够将其本地基础结构无缝扩展到公有云以处理任何溢出，而无须授予第三方数据中心访问其整个数据的权限。组织可获得公有云在基本和非敏感计算任务方面的灵活性和计算能力，同时配置防火墙保护关键业务应用程序和本地数据的安全。

通过使用混合云，不仅允许企业扩展计算资源，还减少了进行大量资本支出以处理短期需求高峰的需要，以及企业释放本地资源以获取更多敏感数据或应用程序的需要。企业仅就其暂时使用的资源付费，而不必购买、计划和维护可能长时间闲置的额外资源和设备。混合云提供云计算的优点，包括灵活性、可伸缩性和成本效益，同时也最大限度降低了数据暴露的风险。

第二节　云存储与数据安全需求

一、云存储的形式

在云计算概念的基础上，延伸和发展出了一个新概念——云存储，这种新型概念属于新兴的网络操作模式，云存储的操作流程是通过虚拟化、分布式存储等技术把大量异构存储设备整合为一个完备的存储资源库，这个过程主要通过互联网技术及应用软件等新型手段实现，在存储库中，各要素可以协同工作，然后依据按需访问的形式为网络用户提供访问服务及资源存储服务。

由专业的云平台维护存储的基础设施，这种做法可以确保系统的稳定性和有效性，通常情况下，专业的云平台都具备普通用户不具备的技术水平和管理水平。一方面，传统技术的发展瓶颈被云存储的集群技术所打破，云存储可以让容量和性能呈动态线性扩展，这种存储方式适合存储海量数据；另一方面，它可以根据用户需求计费，减少了用户投入成本和管理成本，便于用户管理存储资源。正因如此，云存储可以快速有效地解决数据爆炸式增长，以及数据增长产生的 IT 资源需求增加的问题，所以，云存储在商业领域和学术界都深受欢迎。

云存储具有两种不同的形式：

第一种，文件存储。云中资源以虚拟化为基础，具有较强的扩展性，因此，在云存储中，没有划定传统区域，云存储的商业服务通常采用租户或容器的概念划分用户数据，一个租户或容器对应一个用户，每一个用户都有专属于自己的容器，容器中只有相应的用户上传的文件。

第二种，数据库存储。相较于传统数据库，云数据库在各方面都存在特殊需求，比如，数据库的高并发读写，海量数据的存储和访问及数据的可用性等，在实际生活中，比较常见的云数据库有两种：关系型数据库、NoSQL 数据库。其中，后者对海量数据的存储能力及数据的读写能力非常注重，并且，这种云数据库的最大特点是数据表没有 Schema，在数据表中，任意两行数据的属性不一定相同。

综上所述，云存储的优势非常明显，便于使用，灵活度高，还可以共享资源，所以，云存储越来越受企业和个人的喜爱。

二、云存储的体系架构

云存储主要运用集群技术、网络技术及分布式文件系统等新型功能，把网络系统中各种不同的存储设备连接起来，并运用相应软件协同工作，在此基础上，应用接口和客户端软件可以为用户提供各项在线服务，如数据存储、数据管理、数据访问等。云存储可以方便快捷地按照用户需求调整存储系统，还能快速或重新配置资源，提供存储资源的应用软件，给用户提供个性化的存储和消费模式。另外，存储服务提供商根据用户的存储情况向用户收费。

相较于传统存储设备，云存储的功能非常强大，它不只是一个硬件设备，还是一个成分复杂的信息系统，它的组成部分有网络设备、服务器及存储设备等，它具有全面、系统的管理功能和存储功能。这些组成部分都以存储设备为重要核心，然后运用相关软件提供访问和存储等服务。一般情况下，云存储系统可以分为四个部分，即存储层、基础设施管理层、应用接口层及访问层。

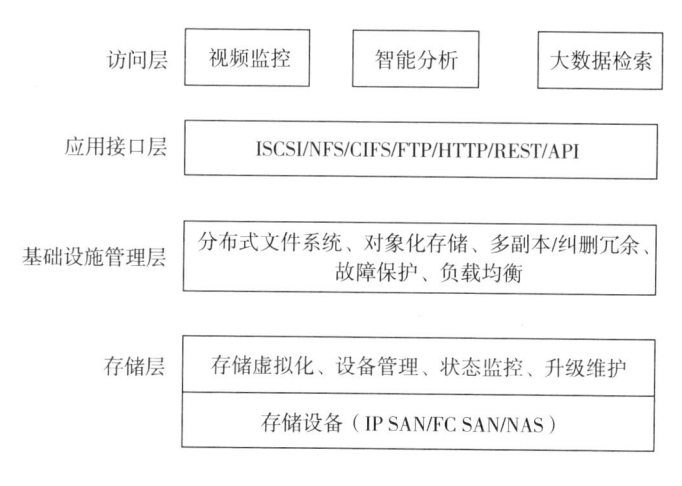

访问层	视频监控	智能分析	大数据检索
应用接口层	ISCSI/NFS/CIFS/FTP/HTTP/REST/API		
基础设施管理层	分布式文件系统、对象化存储、多副本/纠删冗余、故障保护、负载均衡		
存储层	存储虚拟化、设备管理、状态监控、升级维护		
	存储设备（IP SAN/FC SAN/NAS）		

图 6-2 云存储系统架构图

（一）存储层

存储层是云存储最基础的部分。存储设备可以是 FC 光纤通道、NAS 和 ISCSI 等 IP 存储设备，也可以是 SCSI、SAS 等 DAS 存储设备。云存储中的存储设备往往数量庞大且分布于不同地域，彼此之间通过广域网、互联网或者 FC 光纤通道网络连接在一起。存储设备之上是一个统一存储设备管理系统，可以实现存储设备的逻辑虚拟化管理、多链路冗余管理，以及硬件设备的状态监控和故障维护等。

（二）基础设施管理层

基础设施管理层是云存储最核心的部分，也是云存储中最难以实现的部分。其通过集群、分布式文件系统和网格计算等技术，实现云存储中多个存储设备之间的协同工作，使多个存储设备可以对外提供同一种服务，并提供更大、更强、更好的数据访问性能。CDN 内容分发系统、数据加密技术保证云存储中的数据不会被未授权的用户所访问。同时，通过各种数据备份、容灾技术和措施可以保证云存储中的数据不会丢失，保证云存储自身的安全和稳定。

（三）应用接口层

应用接口层是云存储最灵活多变的部分。不同的云存储运营单位可以根据实际业务类型，开发不同的应用服务接口，提供不同的应用服务，如视频监控应用平台、视频点播应用平台、网络硬盘应用平台、远程数据备份应用平台等。

（四）访问层

任何一个授权用户都可以通过标准的公用应用接口来登录云存储系统，享受存储云服务。存储云运营单位不同，云存储提供的访问类型和访问手段也不同，如用户可以通过访问应用接口层提供的公用 API 来使用云存储系统提供的数据存储、共享和完整性验证等服务。

三、云存储的数据安全需求

当今社会，数据是一种非常宝贵的资源，因此，数据的安全相关问题显得尤其重要。随着云存储时代的到来，用户数据将会从分散的客户端全部集中存储在云平台中，这显然给黑客进行攻击活动提供了便利的条件。

当计算机信息产业从以计算为中心逐渐转变为以数据为中心后，数据的价值就显得尤为重要。用户最关心的问题就是他们的数据存储在云中是否能够保证信息安全，一旦云服务提供商的存储服务出现人为问题或自然灾害导致的设备损坏等，用户存储在云平台的数据会面临巨大危险，最严重的情况会导致数据的丢失，而数据丢失可能会给用户造成巨大的损失。因此，数据的机密性、隐私性以及可靠性问题是云存储过程中面临的一个巨大挑战。

（一）数据机密性

对于个人用户来说，云计算平台中存储的数据可能涉及个人隐私。对企业用户来讲，存储的数据一般都是机密性的数据，其中可能包括很多商业机密。因此，数据安全是云计算服务中重点关注的问题，也是用户最关心的问题。然而，云计算平台提供的服务要求用户把数据交给云平台，带来的影响是云平台也可以管理和维护用户的数据。一旦云平台窃取用户的数据，将会导致用户的隐私被泄露。另外，由于云计算平台的数据往往具有很高的价值，恶意用户也会通过云服务器的漏洞或者在传输过程中窃取用户的机密数据，对用户造成严重的后果。因此，云计算平台数据的机密性必须得到保证，否则将会极大地限制云计算的发展与应用。

（二）数据访问控制

随着信息网络和科学技术的快速发展，云存储技术发展迅猛，产业界和学术界高度重视数据安全问题。绝大多数用户想要在不损坏原有数据的基础上运用云存储服务。根据云存储的数据保护需求，保护数据存储安全、共享安全的重要手段是建立数据访问控制机制。

访问控制技术对系统资源的操作和限制主要通过用户身份以及资源特性等进行用户分析，在此基础上才能允许合法的用户访问，非法用户禁止进入系统。与传统的数据访问控制模型相比，云存储系统存在不完全可信性，因此，当前安全系数最高的访问控制技术是密码学方法中的访问控制方案，这种方法可以有效保护数据的机密性。

衡量访问控制方案是否优劣的重要依据和指标是访问控制的粒度，访问控制的粒度越精细，形成的控制机制越能满足用户的需求。与此同时，当服务器的可信度较低时，如果出现身份信息泄露的情况，则服务器中的用户信息很有可能会被内部恶意员工和外部攻击者利用。所以，保护用户隐私也是需要重点关注的一方面。

除此之外，从密文访问控制的角度来看，可以充分利用密钥分配实现密文访问，但是，如果出现撤销的情况，为了防止撤销用户再访问数据库，就需要及时更新密钥,由此,数据库需要重新加密,给没有撤销的用户重新制定和分配密钥。这种做法需要承担巨大的计算工作,尤其是用户流动量较大时,计算量也会随之增加,最终影响正常运作。所以,可行性较强的访问控制方案应该充分考虑用户的撤销情况,尽量减少计算量,缩短处理撤销问题的时间。

(三)数据授权修改

在实际的云存储应用中,密文类型信息的动态可修改为具有广泛的应用场景。数据所有者为节省本地存储开销,或方便数据在不同终端的灵活使用,将加密数据存储于云服务器,然后数据所有者希望只有自己或者部分已授权的用户才能够修改这些数据,修改后的数据被重新加密后再次上传到云存储平台。该需求极为常见,例如,在团队协同工作的移动办公场景中,项目经理会率先成立一个项目,项目组的人员均有权对该项目进行维护,即对项目数据执行增加、删除、修改等操作,然而这些权限却不能对项目组之外的人员开放。

又如,在对用户进行多方会诊的健康云环境中,用户希望将自己的健康状况数据及历史诊断数据共享给某几个特定的专家或者医生,以便进行病情诊断,被授权的专家或医生有权力查看病患的数据并修改诊断信息,而其他未授权的医生则无法进行这些操作。因此,云存储中的数据修改需求不仅要求只有授权用户才能解密访问数据,还要求云平台能够验证授权用户的身份以接收修改后的密文。

(四)数据可用性

用户数据泄露在给用户带来严重损失的同时,也带来了糟糕的用户体验,使得用户在选择云存储服务时更加看重数据安全,以及个人隐私是否能得到有效保护。于是越来越多的云平台将用户数据加密,以密文存储的方式来保护用户数据的安全以及隐私。但用户有对存储在云平台的数据随时进行搜索的需求,这就会遇到对密文进行搜索的难题。

传统的加密技术虽然可以保证数据的安全性和完整性,却无法支持搜索的功能。一种简单的解决方法是用户将存储在云平台的加密数据下载到本地，再经过本地解密之后对解密后的明文进行搜索，这种方法的缺点是成本高、效率低。另一种方法是将用户的密钥发送给云服务器，由云服务器解密后，再对解密后的明文进行搜索，然后将搜索结果加密后返回给用户，这种方法的缺点是不能保证云平台服务器是安全的，用户将密钥发送给云平台服务器的同时就已经将自己的隐私完全暴露，将数据安全完全托付给了云平台服务器。因此，为了保护云平台中存储数据的机密性，同时提高数据的可用性，可搜索加密技术的概念被提出。

可搜索加密技术允许用户在上传数据之前对数据进行加密处理，使得用户可以在不暴露数据明文的情况下对存储在云平台上的加密数据进行检索，其典型的应用场景包括云数据库和云数据归档。可搜索加密技术以加密的形式保存数据到云存储平台中，所以能够保证数据的机密性，使得云服务器和未授权用户无法获取数据明文，即使云存储平台遭受非法攻击，也能够保护用户的数据不被泄露。此外，云存储平台在对加密数据进行搜索的过程中，所能够获得的仅仅是哪些数据被用户检索，而不会获得与数据明文相关的任何信息。

第三节　云计算数据安全的发展

在时代大环境的驱动下，云计算和海量数据开始进入到我们的生活中，对社会生产生活带来了极大的影响，并在工作和生活中占据了相当重要的位置。"云计算改变了不同产业的运行模式和服务方式，但同时也面临着数据的风险和安全意识，由于云计算结构具有相当复杂的特性，用户的多样性或是使用的开放性都有可能使云计算的数据出现安全隐患，"[1]在云存储系统中，用户数据经加密后存放至云存储服务器，但其中许多数据可能用户在存放至服务器后极少访问，如归档存储等。在这种应用场景下，即使云存储丢失了用户数据，用户也很难察觉到，因此用户有必要每隔一段时间就对自己的数据进行持有性证明检测，以检查自己的数据是否完整地存放在云存储中。

---

[1] 顾健. 基于云计算的数据安全风险和防范措施分析 [J]. 网络安全技术与应用，2021（01）：80-82.

一、数据持有性证明

数据持有性证明（PDP）是指用户将数据存储在不可信的服务器端后，为了避免云存储服务提供商对用户存储数据进行删除或者篡改，在不恢复数据的情况下对云平台服务器端的数据是否完整保存进行验证，从而确定云平台持有数据的正确性。

为了有效保障数据安全，最重要的一点是确保数据完整，影响数据持有性的主要因素包含恶意破坏、突发灾难，存储介质的破坏、提供商内部人员恶意破坏等，这些行为都会造成数据不一致的问题。因此，为了解决这些问题，相关部门应该采取有效措施确保云平台的数据完好无损，具体而言，包含两种方法：第一种，将所有的数据都下载下来，依次进行验证；第二种，运用哈希函数、数据签名等技术的验证数据由此判断云平台的数据是否全面。根据实践可知，第一种方法的可行性并不高，因为这种方法需要耗费太多的时间，所以，当前使用较多的是第二种方法。哈希函数可以为每一个数据单元计算出唯一一个哈希值，哈希值是由用户端自动生成的，如果用户想要校验云平台中的数据，则用户只需要将对应的数据下载下来，再运用同样的哈希函数进行计算，对计算结果进行对比、验证，如果计算出的数值和之前算出来的数值相同，则说明用户存储在云上的文件完整无缺。

二、数据可恢复性证明

可恢复性证明简称为 POR，它属于一种密码证明技术，可恢复性证明是指存储提供者向使用者提供证明数据库中存储的数据依旧完整无缺，确保数据使用者可以将以往存储的数据完全恢复出来，并且，数据使用者可以安全使用这些数据。可恢复性证明技术相较于通常的完整性认证技术而言，它的不同点是它可以在不下载数据的情况下检验以往数据是否被修改或删除，这个特点对数据外包管理及文档存储的作用非常大。

当前，云计算的应用范围非常广泛，并且，云存储服务也随之不断成为新的信息技术利润增长点，云存储服务凭借低廉、扩展性强、跨时空的数据管理平台，实现了质的飞跃；但是，云存储服务是将用户数据和文档存储在安全性不高的存储池中，因此，安全系数并不高，一旦受到某种恶意攻击，就会给用户带来严重的损失。值得一提的是，可恢复性证明技术提供的认证方法可以有效解决这个技术问题，所以，各大云服务提供商非常有必要使用可恢复性证明技术实现用户数据的安全管理。

三、数据密文去重

目前，随着云存储的飞速发展，使用云存储的用户与日俱增。所以，当前的服务器面临着巨大的社会压力。值得注意的是，根据数据统计结果可知，在这些增速较快的数据中，大多数据都是重复的，也许它们源于同一个用户，通过不断传输，不断被复制分发，并集聚在云存储的各个角落，在云存储中占据了很大空间。随着重复数据的增长，云服务器的处理效率不断降低，并且，云存储服务器还面临着巨大开销。如果该问题不能尽快解决，那么重复的数据将越来越多，如果一直不注意，则最终可能会成为云存储服务发展的阻碍因素。面对这种情况，很多云服务器运营商开始运用删除重复数据的技术，并且，实践证明，这项技术可以为运营商带来经济效益，所以，各大云服务器运营商纷纷采用这项技术，这也变成了云服务行业的发展潮流。随着重复数据删除技术的广泛应用，市场对该技术的认知越来越清晰，还将该技术称为去重复技术。

重复数据删除技术根据不同的数据处理单元，可以分为两大类：第一类是文件级去重复；第二类是块级去重复。第一类机制需要以文件为基础，换言之，通过哈希值识别重复文件。第二类则以文件块为基础，把文件分成多个板块进行分类保存，如果文件哈希值相同，则文件块存在重复内容。

重复数据删除技术根据去重复的方法，可以分为两大类：第一类是基于目标的去重复；第二类是基于来源的去重复。第一类又称为服务器端去重复，简称为SS-Dedup，这种技术属于传统的删除技术。当收到用户上传的数据后，服务器会自动删除系统内部的重复文件。用户并不清楚自己上传的数据是否重复，只有将数据上传之后才能知道数据是否存在重复，进而进行相关操作。第二类以来源为基础删除重复数据，该方法又可以称为客户端重复数据删除，简称为CS-Dedup。其操作流程是先识别相同文件的存储请求，再根据识别结果授予用户拥有相同文件的权力，提醒用户不上传重复数据，由此，不仅可以节约存储空间，还可以节省用户的存储时间和网络宽带。

用户端和服务器端的重复数据删除的主要区别是：服务器端在可信服务器环境下执行，用户端则在不可信用户和不可信服务器之间执行。

重复数据删除为用户和服务器提供了很多便利，但同时，重复数据删除也为用户和服务器提供了数据的比较能力，服务器和用户一旦了解了文件的大部分内容，他们就可以对文件内容进行反复修改，进而构建实际的存储数据，并且，还能获得持有权证明。只要拥有持有权证明，用户就可以随意访问服务器上的数据。另外，实施这项技术让用户数据遭到了内部和外部的威胁，一方面，用户数据很容易遭到外部用户的恶意攻击，并且，内部云服务器具有不可信的属性，内部云服务器非常好奇用户数据。尤其是当下，用户处于大数据时代，海量的用户信息可以为云服务器带来关键的经济利益和决策信息。从实际情况来看，用户数据属于个人隐私和商业机密，用户都希望服务器可以设置安全管理机制，无法访问详尽的个人信息和商业机密。

综上所述，加密技术和重复数据删除之间是矛盾的。因为加密技术可以让数据具备随机性，让数据隐藏相似性。但重复数据删除技术的基础是数据之间的相似性。因此，当前最需要研究的课题是如何在保护用户隐私的同时，实现重复数据删除。云环境中的数据都是加密文件，并且，相同的数据也会加密成不同的文件。所以，根据数据内容删除重复数据的方法很难有效实施。

将密钥设置为计算数据中的散列值，通过对称加密算法加密数据，这种方法可以确保不同的用户共享相同文件必定会形成相同密文。重复密文数据删除技术是以收敛加密方式为基础，通过同样的加密模式形成相同的数据，进而实现删除重复数据的目的。根据实践可知，收敛加密去重法主要通过收敛加密技术将重复数据删除。该方法的操作步骤是：先根据用户的使用摘要生成算法和摘要，随后再根据生成的摘要对称加密密钥，加密原本的明文。所以，只有明文相同的用户才能形成同样的对称密钥，所以，收敛加密算法很巧妙地避开了去重和加密之间的矛盾。

四、云计算数据安全的未来

目前云计算已日趋成熟，正在颠覆固有的传统架构并带来业务创新。云计算技术为数据的共享、整合、挖掘和分析提供可能，通过整合交通、医疗等各种资源，建立起公共云计算数据中心，可以打破各系统原有的条块分割，提高资源利用率，达成信息共享。

由于云计算的服务性质让用户失去了对数据的绝对控制权，从而产生了云计算环境中特有的安全隐患。为此，根据不同的应用场景，研究人员提出安全假设并建立相应的安全模型与信任体系，采用适合的关键技术，设计并实现了多种云计算数据安全方案。从总体上看，未来云计算数据安全的研究方向是在保证用户数据安全和访问权限的前提下，尽可能地提高系统效率。

目前，在云计算数据的访问控制、密文安全共享、密文分类和搜索、数据持有性证明、加密数据去重和确定性删除等方面的研究仍有待加强。云计算数据安全是云计算发展和应用上最具关注性的热点问题，未来云计算将应用于各大行业业务领域，云服务将大面积渗透到社交、健康、交通等各行各业。随着移动云、社交云、健康云、物联云、车联云等云计算场景的广泛应用，以及轻量级密码、区块链、SDN等新技术的深入研究，更多高效安全的方案将被提出。

第七章 计算机网络虚拟化技术研究

第一节　虚拟化技术认知与实现

一、虚拟化技术

"随着社会经济的发展，现代计算机网络数据流量不断增加，在网络运行和组建中需要运用更多的服务器、移动终端、智能设备、传感器，这种趋势的出现为计算机虚拟技术的应用创造了有利的条件。此外，计算机虚拟技术的出现促使虚拟化网络时代到来，各行业在高科技社会环境下得到了较快的发展"。[1]

虚拟化和云计算技术是当下最为炙手可热的主流 IT 技术。虚拟化技术实现了 IT 资源的逻辑抽象和统一表示，在大规模数据中心管理和解决方案交付等方面发挥着巨大的作用，是支撑云计算伟大构想的最重要的技术基石；而在未来，云计算将会成为计算机的发展趋势和最终目标，以提高资源利用效率，满足用户不断增长的计算需求。云计算以虚拟化为核心，虚拟化则为云计算提供技术支持，二者相互依托，共同发展。

虚拟化技术和多任务操作系统的根本目的相同，即让计算机拥有能满足不止一个任务需求的处理能力。近年来，虚拟化技术已成为构建企业 IT 环境的必备技术，许多企业里虚拟机的数量已经远远超过物理机，虚拟化技术已成为 IT 从业者尤其是运维工程师的重要技能。

（一）虚拟化技术的原理和特点

虚拟化技术能将许多虚拟服务器融合到一个单独的物理主机上，并通过运行环境的彻底隔离充分保障虚拟机系统的安全。因此，通过虚拟化技术，

---

[1] 肖莉莉. 计算机虚拟化技术的分析与应用 [J]. 信息与电脑（理论版），2022，34（08）：192-194.

服务提供方理论上可以为每个客户创建一个独有的虚拟主机。

1. 虚拟化技术的原理

虚拟化技术的原理如下：在操作系统中加入一个虚拟化层，这是一种位于物理机和操作系统之间的软件，允许多个操作系统共享一套基础硬件，也叫虚拟机监视器（VMM），该虚拟化层可以对下层主机的物理硬件资源（包括物理 CPU、内存、磁盘、网卡、显卡等）进行封装和隔离，将其抽象为另一种形式的逻辑资源，然后提供给上层虚拟机使用。本质上，虚拟化层是联系主机和虚拟机的一个中间件。

通过虚拟化技术构建的虚拟机一般被称为客户机（GuestOS），而作为载体的物理主机则被称为宿主机（HostOS）。

一个系统要成为虚拟机，需要满足以下条件：

（1）由 VMM 提供的高效（>80%）、独立的计算机系统。

（2）拥有自己的虚拟硬件（CPU、内存、网络设备、存储设备等）。

（3）上层软件会将该系统识别为真实物理机。

（4）有虚拟机控制台。

2. 虚拟化技术的特点

（1）同质：虚拟机的本质与物理机的本质相同。例如，二者 CPU 的指令集架构（ISA）是相同的。

（2）高效：虚拟机的性能与物理机接近，在虚拟机上执行的大多数指令有直接在硬件上执行的权限和能力，只有少数的敏感指令会由 VMM 来处理。

（3）资源可控：VMM 对物理机和虚拟机的资源都是绝对可控的。

（4）移植方便：如果物理主机发生故障或者因为其他原因需要停机，虚拟机可以迅速移植到其他物理主机上，从而确保生产或者服务不会停止；物理主机故障修复后，还可以迅速移植回去，从而充分利用硬件资源。

（二）虚拟化的实现方式

1. 全软件模拟

全软件模拟技术理论上可以模拟所有已知的硬件，甚至不存在的硬件，但由于是软件模拟方式，所以效率很低，一般仅用于科研，不适合商业化推广。

2. 虚拟化层翻译

在虚拟化发展的早期，技术主流是借助软件实现的全虚拟化和半虚拟化这两种虚拟化层翻译技术，两种技术各有优缺点，将其灵活应用于不同的环境，可以充分发挥两者的优势，获得更好的效果。

目前，主流的虚拟化层翻译技术有以下类别：

（1）全虚拟化。使用全虚拟化技术，GuestOS 可直接在 VMM 上运行且不需要对自身做任何修改。全虚拟化的 GuestOS 具有完全的物理机特性，即 VMM 会为 GuestOS 模拟出它需要的所有抽象资源，包括但不限于 CPU、磁盘、内存、网卡、显卡等。

用户使用 GuestOS 的时候，不可避免会使用 GuestOS 中的虚拟设备驱动程序和核心调度程序来操作硬件设备。例如，GuestOS 使用网卡时，就会调用 VMM 模拟的虚拟网卡驱动来操作物理网卡。全虚拟化架构下的 Guestos 是运行在 CPU 用户态中的，因此不能直接操作硬件设备，只有运行在 CPU 核心态中的 HostOS 才可以直接操作硬件设备。为解决这一问题，VMM 引入了特权解除和陷入模拟机制。

第一，特权解除：又称翻译机制，即当 GuestOS 需要使用运行在核心态的指令时，VMM 就会动态地将该指令捕获，并调用若干运行在非核心态的指令来模拟该核心态指令的效果，从而将核心态的特权解除，解除该特权之后，GuestOS 中的大部分指令都可以正常执行。但是，仅凭借特权解除机制并不能完美解决所有问题，因为在一个 OS 指令集中往往还存在着敏感指令（可能是内核态，也可能是用户态），这时就需要实现陷入模拟机制。

第二，陷入模拟：HostOS 和 GuestOS 都存在部分敏感指令（如 reboot、shutdown 等），这些敏感指令如果被误用会导致很大麻烦。试想，如果在 GuestOS 中执行的 reboot 指令将 HostOS 重启了，显然会非常糟糕。而 VMM 的陷入模拟机制刚好可以解决这个问题。如果在 GuestOS 中执行了需要运行在内核态中的 reboot 指令，则 VMM 首先会将该指令获取、检测并判定为敏感指令，然后启动陷入模拟机制，将敏感指令 reboot 模拟成一个只对 Guestos 进行操作的、非敏感的、并且运行在非核心态的 reboot 指令，并将其交给 CPU 处理，最后由 CPU 准确执行重启 GuestOS 的操作。

由于全虚拟化是将非内核态指令模拟成内核态指令再交给 CPU 处理，

中间要经过两重转换，因此效率比半虚拟化要低，但优点在于不会修改GuestOS，所以全虚拟化的VMM可以安装绝大部分的操作系统。

（2）半虚拟化。半虚拟化技术是需要GuestOS协助的虚拟化技术，因为在半虚拟化VMM中运行的GuestOS内核都经过了修改。一种方式是修改GuestOS内核指令集中包括敏感指令在内的内核态指令，使HostOS在接收到没有经过半虚拟化VMM模拟和翻译处理的GuestOS内核态指令或敏感指令时，可以准确判断出该指令是否属于GuestOS，从而高效地避免错误；另一种方式是在每一个GuestOS中安装特定的半虚拟化软件，如VMTools、RHEVTools等。因此，半虚拟化技术在处理敏感指令和内核态指令的流程上更为简单。

（3）硬件辅助虚拟化（HVM）。2005年，Intel公司提出并开发了由CPU直接支持的虚拟化技术，即硬件辅助虚拟化技术，这种虚拟化技术引入了新的CPU运行模式和新的指令集，使VMM和GuestOS运行在不同的模式之下（VMM运行在Ring0的根模式下；GuestOS则运行在Ring0的非根模式下）。

CPU硬件辅助虚拟化技术解决了非内核态敏感指令的陷入模拟难题，由于GuestOS运行于受控模式，其内核指令集中的敏感指令会全部陷入VMM，由VMM进行模拟。模式切换时上下文的保存恢复工作也都由硬件来完成，从而大大提高了陷入模拟的效率。

3. 容器虚拟化

与虚拟机方式和硬件虚拟化方法不同，容器虚拟化是操作系统级的虚拟化技术和方法，所以，不能盲目地将容器虚拟化等同于全虚拟化和半虚拟化。容器虚拟化技术的载体单位是虚拟化的容器，在容器媒介作用下，应用程序能够获得相对独立的运行空间，并且容器的变动和调整并不会影响其他容器的正常运作。综上所述，容器比虚拟机具有以下优势：

（1）在容器里运行的一般是不完整的操作系统（虽然也可以），而在虚拟机上必须运行完整的操作系统。

（2）容器比虚拟机使用更少的资源，包括CPU、内存等。

（3）容器在云硬件（或虚拟机）中可被复用，就像虚拟机在裸机上可被复用一样。

（4）容器的部署时间可以短到毫秒级，虚拟机则最少是分钟级。

（5）容器比虚拟机更轻量级、效率更高，部署也更加便捷，但容器是将应用打包并以进程的形式运行在操作系统上的，因此应用之间并非完全隔离，这是容器虚拟化的一大缺陷。

二、云计算

云计算是一种基于互联网的相关服务的增加、使用和交付模式，它依赖于虚拟化，通常会通过互联网来提供动态易扩展且经常是虚拟化的资源。借助虚拟化技术，可以把服务器等硬件资源构建成一个虚拟资源池，从而实现共同计算和共享资源，即实现云计算。

（一）云计算的实现模式

1. 基础设施即服务（IaaS）

所谓基础设施，就是硬件、网络和操作系统资源的集成。在 IaaS 模式下，用户不必自行采购硬件设备，也不用考虑安装 OS、配置防火墙、网络升级、更换硬件等，只需选择自己所需的硬件配置，如操作系统、带宽等，就可以使用相应的硬件资源。

2. 平台即服务（PaaS）

在 IaaS 模式下，用户虽然不需要自己安装操作系统，也不用担心硬件和网络的维护问题，却仍需要安装应用程序并为其配置运行环境，如安装中间件和数据库等。而 PaaS 在 IaaS 的基础上增加了中间件和数据库的资源，用户选择 PaaS 时只需考虑自己习惯使用哪种语言的数据库，然后进行程序的开发和部署即可。

3. 软件即服务（SaaS）

在 SaaS 模式下，用户只需注册一个账号，无需任何安装操作，只要登录就可使用所需的软硬件资源。例如，企业邮箱就是一个 SaaS 模式的应用，企业只需要注册邮箱用户，然后设置企业的邮箱域名，整个企业的用户就都可以使用这个邮箱的功能了。

（二）云平台的主要特性

云平台是用于管理云计算的硬件、软件并向用户提供云计算服务的平台。云平台软件则用于对云平台进行管理。云平台软件能将现有的基础设施

（包括任何商用计算机硬件）转换为一个单独的资源库，即一个云系统，通过重新划分硬件资源来实现用户资源的合理分配。不仅如此，云平台软件还可以对资源的使用进行监控和计量，提高客户机系统的可靠性，使整个云系统更稳定、更安全。

总的来说，云平台主要具有以下方面特点：

第一，可用性高。当一台主机的虚拟化层出现故障时，云平台可以自动将上面的虚拟机迁移到另一个虚拟化层上。在控制面板服务器离线时，虽然不能对虚拟机进行管理操作，但虚拟机依旧可以正常运行。

第二，管理灵活。云平台具有高度的灵活性，可以在云系统中任意添加和删除多种资源，如虚拟化层、数据存储设备、CPU、内存等，以满足用户的使用需求。

第三，安全可靠。作为云平台基础设施的虚拟机之间是完全隔离的，它们各自访问自己的硬盘；存储虚拟机的服务器上也安装有反诈防火墙；在云平台的控制面板中还可以给每个用户设置不同的角色，每个角色配置不同级别的访问权限。

第四，负载均衡。云平台拥有强大的负载均衡功能，能够显著提高应用程序的可用性和可扩展性。

第五，用户管理方便。云平台为其用户提供了非常精细的控制选项，同时还能设置多种不同类型的用户和用户组，并分别定制不同用户与用户组的访问权限和功能要求。

第六，计费功能完善。面向第三方的云平台通常拥有完善的计费功能和账单系统，支持多种货币类型，从而可以实现资源的计划使用和自动结算。

第七，支持移动接入。云平台一般都支持 iPhone/Android 应用，用户可以通过移动设备连接云系统，管理自有云资源，并在云平台中进行操作。

（三）主流云平台产品

随着大众对云计算的需求日益增长，越来越多的 IT 巨头研发了自有的云计算平台，供用户进行多角度、多形式的云技术开发。这些云计算平台都有自己的鲜明特点，其核心功能、涵盖领域以及面向对象都有所不同。企业和个人在选择云平台时，不仅要考虑提供商的技术实力，也要考虑云平台的易用性与自己的使用需求。

1. 微软云计算

整体上来讲，当前微软的云计算实现了极为快速的发展，并推出了种类繁多的首批 SaaS 产品，不同产品特有的多客户共享功能能够最大限度地满足中小型企业的服务要求。此外，微软还针对普通用户定制了 Xbox Live、Office Live 和 windows Live 等在线服务。

2. 亚马逊云计算

亚马逊云计算全称为亚马逊网络服务（AWS），它提供了一系列全面的 IaaS 和 PaaS 服务，其中最有名的服务包括：弹性计算云（EC2）服务、简单存储服务、弹性块存储服务、关系型数据库服务和数据库服务，同时还提供与网络、数据分析、机器学习、物联网、移动服务、开发、云管理、云安全等有关的云服务。

3. 谷歌云计算

谷歌围绕因特网搜索创建了一种超动力商业模式，如今，他们又以应用托管、企业搜索以及其他更多形式向企业开放了他们的"云"。谷歌的应用软件引擎（GAE）让开发人员可以编译基于 Python 的应用程序，并免费使用谷歌的基础设施来进行托管（最高存储空间达 500MB）。

4. 阿里云服务引擎

阿里云服务引擎（ACE）是一个基于云计算基础架构的网络应用程序托管环境，可以帮助开发者简化网络应用程序的构建和维护工作，并能根据应用访问量和数据存储的增长量进行扩展。ACE 支持由 PHP 或 Node.Js 语言编写的应用程序，支持在线创建 MySQL 远程数据库应用。

ACE 为应用提供负载均衡、弹性伸缩、故障恢复、安全沙箱等服务支持，同时集成了 Session、缓存、文件存储、定时任务等分布式服务，使 PHP、Node.Js 等流行的 Web 开发语言可以更加便捷地使用云计算服务。

5. 新浪云计算

新浪（SAE）采用了分层架构，自上而下分别为反向代理层、路由逻辑层与 Web 计算服务层。从 Web 计算服务层则可以延伸出 SAE 附属的分布式计算型服务和分布式存储型服务，具体又可分为同步计算型服务、异步计算型服务、持久化存储服务与非持久化存储服务。

第二节 内存虚拟化与存储虚拟化

一、内存虚拟化

内存虚拟化是虚拟化的一项关键技术,通过内存虚拟化技术,可以将宿主机的物理内存动态分配给虚拟机使用,实现内存共享。

与操作系统支持下的虚拟内存技术相似,内存虚拟化技术同样具有以下特性:在虚拟内存技术环境下,应用程序获准拥有临近内存地址空间的使用权,同时这些地址空间与物理内存之间并不存在直接对应联系。而在对内存虚拟化技术加以应用的情况下,宿主机操作系统只需要让虚拟内存页到物理内存页的映射得到保障,就可以正常运行虚拟机应用程序。

常用的内存虚拟化技术主要有内存相同页合并技术(KSM)、内存气球、巨型页三种,下面逐一进行介绍。

(一)KSM 技术

内存相同页合并技术(KSM),该技术可以将相同的内存页进行合并,类似于软件压缩,从而达到节省空间的目的。

1. KSM 的原理

KSM 的原理,是指 Linux 系统会将多个进程中的相同内存页合并成一个内存页,将这部分内存变为共享的,于是虚拟机使用的总内存就减少了。在 KVM 中,KSM 技术通常被用来减少多台相同虚拟机的内存占用,提高内存的使用效率,在这些虚拟机使用相同的镜像和操作系统时,效果更加明显。

2. KSM 的使用

在 CentOS6 和 CentOS7 系统中,承载 KSM 功能的服务有两个:ksm 服务与 ksmtuned 服务,两个服务需要同时开启,才能保证 KSM 功能的正常使用。

(1)查看 KSM 支持服务。一般情况下,ksm 服务与 ksmtuned 服务都是默认开启的,可以使用以下命令确认。在宿主机上执行 systemctl status 命令,可以查看 ksm 服务的运行状态。

(2)查看 KSM 状态。如果要查看 KSM 的运行状态,可以在宿主机上执行命令,查看宿主机目录下相关文件的记录。

（3）限制 KSM 功能。在内存足够使用的情况下，为阻止宿主机对某一特定虚拟机的内存页进行合并，可在虚拟机的文件中进行相关配置。

（4）关闭 KSM 功能。KSM 功能可以实现在线开启，而在关闭 KSM 功能的情况下，倘若运行虚拟机的过程中遇到了内存不足的困难，就可以运行 systemctl start 命令，同时实现 ksm 服务和 ksmtuned 服务的同时开启，此时就可以在正常运行虚拟机业务的情况下，实现宿主机对内存页的逐渐合并效果。

KSM 的内存扫描会造成一定量计算机资源的消耗，同时也可能导致系统对 swap 空间的频繁使用，进而大大降低虚拟机性能。针对这种情况，可以将其应用于环境测试当中，以有效解决内存资源不足的问题，同时在生产环境中彻底关闭 KSM。

（二）内存气球

内存气球技术可以在虚拟机和宿主机之间按照实际需求的变化动态调整内存分配。如果有各自运行不同业务的多台虚拟机在同一台宿主机上运行，可以考虑使用内存气球技术，让虚拟机在不同的时间段释放或申请内存，有效提高内存的利用率。

要改变虚拟机占用的宿主机内存，通常先要关闭虚拟机，然后修改启动时的内存配置，最后重启虚拟机，才能实现对内存占用的调整；内存气球技术则可以在虚拟机运行时动态地调整其占用的宿主机内存，而不需要关闭虚拟机。

1. 内存气球的操作方式

内存气球的基本操作方式有以下两种：

（1）膨胀，把虚拟机的内存划给宿主机。

（2）压缩，把宿主机的内存划给虚拟机。

内存气球技术在虚拟机内存中形象引入了气球的概念，"气球"中的内存是可供宿主机使用的（但不能被虚拟机访问或使用）：当宿主机内存紧张时，可以请求回收已分配给虚拟机的一部分内存，此时虚拟机会先释放其空闲的内存，若空闲内存不足，就会回收一部分使用中的内存，然后将其放入虚拟机的交换分区中，使内存气球充气膨胀，宿主机就可以回收这些内存，用于自身其他进程（或其他虚拟机）的运行；反之，当虚拟机中内存不足时，也可以压缩虚拟机的内存气球，释放出其中的部分内存，使虚拟机有更多可供使用的内存。

2. 内存气球的工作过程

内存气球的工作过程如下：

（1）Hypervisor 向虚拟机操作系统发送请求，将一定数量的内存归还给 Hypervisor。

（2）虚拟机操作系统中的内存气球驱动收到 Hypervisor 的请求。

（3）在内存气球的驱动作用下，虚拟机的内存气球会出现膨胀现象，进而导致虚拟机无法正常访问气球中的内存。此种情况下，倘若虚拟机中只有少量的内存余量，比如由于某应用程序的绑定或申请而占据了大量内存，导致内存气球的膨胀程度无法使 Hypervisor 的请求得到最大化满足时，内存气球驱动也会在气球内投放尽可能多的内存，以确保 Hypervisor 所申请的内存数量能够得到最大化满足，但实际上，内存申请量与内存供给量之间并不完全相等。

（4）虚拟机操作系统将内存气球中的内存归还给 Hypervisor。

（5）Hypervisor 将从内存气球中得来的内存分配到需要的地方。

（6）如果宿主机没有使用从内存气球中回收的内存，还可以通过 Hypervisor 将其返还给虚拟机。首先，由 Hypervisor 向虚拟机的内存气球驱动发送请求；其次，收到请求后，虚拟机的操作系统开始压缩内存气球；最后，内存气球中的内存被释放出来，可供虚拟机重新访问和使用。

3. 内存气球的优势和不足

（1）内存气球的优势。在节约和灵活分配内存方面，内存气球技术具有明显的优势，主要体现在以下方面：

第一，内存气球可以被控制和监控，因此能够潜在地节约大量内存。

第二，内存气球对内存的调节非常灵活，既可以请求少量内存，也可以请求大量内存。

第三，使用内存气球可以让虚拟机归还部分内存，有效缓解宿主机的内存压力。

（2）内存气球的不足。KVM 中的内存气球功能仍然存在许多不完善之处，主要体现在以下方面：

第一，使用内存气球，需要虚拟机操作系统加载内存气球驱动，但并非所有虚拟机的操作系统中都安装了该驱动。

第二，内存气球从虚拟机系统中回收了大量内存，可能会降低虚拟机操作系统的运行性能。一方面，虚拟机内存不足时，可能会将用于硬盘数据缓存的内存放入气球中，使虚拟机的硬盘IO访问增加；另一方面，虚拟机的应用软件处理机制如果不够好，也可能由于内存不足而导致虚拟机中正在运行的进程执行失败。

第三，现阶段而言，对内存气球的管理尚且缺乏便利性极强的自动化机制，若想正常使用内存气球，就需要借助命令行的方法，所以，内存气球并不利于生产环境中大规模自动化部署的实现。

第四，虚拟机内存频繁地动态增加或减少，可能会使内存被过度碎片化，从而降低内存使用时的性能。

第五，内存的频繁变化还会影响虚拟机内核对内存的优化效果。例如：某虚拟机内核根据未使用内存气球时的初始内存数量，应用了某种最优化的内存分配策略，但内存气球的使用导致虚拟机的可用内存减少了许多，这时起初的策略很可能就不是最优的了。

（三）巨型页

巨型页指的是内存中的巨型页面。X86系统中，默认的内存页面大小是4KB，而巨型页的大小会远超过这个值，达到2MB甚至1GB的容量。

巨型页的原理涉及操作系统的虚拟地址到物理地址的转换过程：操作系统为了能同时运行多个进程，会为每个进程提供一个虚拟的进程空间。在32位操作系统上，该进程空间的大小为4GB；而在64位操作系统上，该进程空间的大小为2B（实际可能小于这个值）。

第一，在宿主机上使用巨型页。在宿主机上使用巨型页需要进行三步操作：首先，开启系统的巨型页功能；然后，设置系统中巨型页的数量；最后，将巨型页挂载到宿主机系统。

第二，在虚拟机上使用巨型页。如果某虚拟机要使用宿主机的巨型页，需要进行的操作包括：①重启宿主机的libvirtd服务；②在虚拟机上开启巨型页功能；③关闭虚拟机，然后编辑虚拟机的配置文件，设置该虚拟机可以使用的宿主机巨型页数量。

第三，透明巨型页。从CentOS6开始，Linux系统自带了一项叫作透明巨型页（THP）的功能，它允许将所有的空闲内存用作缓存以提高系统性能，而且这个功能是默认开启的，不需手动设置。

二、存储虚拟化

在不同的虚拟机应用场景，可能需要使用不同的硬盘虚拟化技术，因此，需要对可以虚拟的硬盘类型、常用的硬盘镜像格式及缓存模式有一定的了解。

（一）硬盘虚拟化的类型及缓存模式

实施硬盘虚拟化时，需要针对不同的应用场景选择不同的硬盘类型和缓存模式。硬盘类型指系统可模拟的硬盘类型；而缓存模式则是模拟硬盘的工作模式，与硬盘类型无关。

1. 可模拟的硬盘类型

IDE虚拟硬盘的兼容性最好，在一些特定环境下，如必须使用低版本操作系统时，只能选择IDE硬盘，但是KVM虚拟机最多只能支持4个IDE虚拟硬盘，因此对于较新版本的操作系统，建议使用virtio驱动，系统性能会有较大提高，特别是Windows系统，要尽量使用最新版本的官方virtio驱动。

2. 缓存模式的类型

缓存是指数据交换的缓冲区，缓存是指硬盘的写入缓存，即系统要将数据写入硬盘时，会先将数据保存在内存空间，当满足可以写入的条件后，再将数据写入硬盘。虚拟硬盘的缓存模式，就是虚拟化层和宿主机文件系统或块设备打开或者关闭缓存的组合方式。

给KVM虚拟机配置硬盘的时候，可以指定多种缓存模式，但如果缓存模式使用不当，有可能会导致数据丢失，影响硬盘性能，另外，某些缓存模式与在线迁移功能也存在冲突。因此，要根据虚拟机的应用场景，选用最合适的缓存模式。

（1）默认缓存模式。在低于1.2版本的QEMU-KVM中，如未指定缓存模式，则默认使用writethrough模式；1.2版本之后，大量writeback模式与writethrough模式的接口的语义问题得到修复，从而可以将默认缓存模式切换为writeback；如果使用的虚拟硬盘为IDE、SCSI、Virtio等类型，默认的缓存模式会被强制转换为 writethrough；另外，如果虚拟机安装 CentOS 操作系统，则默认的缓存模式为 none。

（2）writethrough 模式。writethrough 模式下，虚拟机系统写入数据时会同时写入宿主机的缓存和硬盘，只有当宿主机接收到存储设备写入操作完成的通知后，宿主机才会通知虚拟机写入操作完成，即系统是同步的，虚拟机不会发出刷新指令。

（3）writeback 模式。writeback 模式下，系统是异步的，它使用宿主机的缓存，当虚拟机将数据写入宿主机缓存后，会立刻收到写操作已完成的通知，但此时宿主机尚未将数据真正写入存储系统，而是留待之后合适的时机再写入。writeback 模式虽然速度快，但风险也比较大，因为如果宿主机突然停电关闭，就会丢失一部分虚拟机的数据。

（4）none 模式。none 模式下，系统可以绕过宿主机的页面缓存，直接在虚拟机的用户空间缓存和宿主机的存储设备之间进行 I/O 操作。存储设备在数据被放进写入队列时就会通知虚拟机数据写入操作完成，虚拟机的存储控制器报告有回写缓存，因此虚拟机在需要保证数据一致性时会发出刷新指令，相当于直接访问主机硬盘，性能较高。

（5）unsafe 模式。unsafe 模式下，虚拟机发出的所有刷新指令都会被忽略，所以丢失数据的风险很大，但会提高性能。

（6）directsync 模式。directsync 模式下，只有数据被写入宿主机的存储设备，虚拟机系统才会接到写入操作完成的通知，绕过了宿主机的页面缓存，虚拟机无需发出刷新指令。

综上所述，writethrough、none、directsync 三种模式相对安全，有利于保持数据的一致性。其中，writethrough 模式通常用于单机虚拟化场景，在宿主机突然断电或者宕机时不会造成数据丢失；none 模式通常用于需要进行虚拟机在线迁移的环境，主要是虚拟化集群；directsync 适用于对数据安全要求较高的数据库，使用这种模式会直接将数据写入存储设备，减少了中间过程丢失数据的风险。

此外，writeback 模式依靠虚拟机发起的刷新硬盘命令保持数据的一致性，提高虚拟机性能，但有丢失数据的风险，主要用于测试环境；unsafe 模式类似于 writeback，性能最好，但是会忽略虚拟机的刷新硬盘命令，风险最高，一般用于系统安装。

3.缓存模式对在线迁移的影响

Libvirt 会对缓存模式与在线迁移功能的兼容可能进行检查，倘若缓存模式是 none，Libvirt 就可以兼容在线迁移功能，倘若出现禁止在线迁移的情况，也可以通过将 unsafe 参数应用于 virsh 命令中来实现在线迁移的强制执行。倘若虚拟机与共享的集群文件系统共生，同时共享存储呈现为只读模式，虚拟机的写入操作同样不被允许发生，在线迁移虚拟机也不用考虑缓存模式。

（二）虚拟机镜像管理

KVM 虚拟机镜像有两种存储方式：一种是存储在文件系统上，另一种是存储在裸设备上。存储在文件系统上的镜像支持多种格式，常用的如 raw 和 qcow2 等；存储在裸设备上的数据由系统直接读取，没有文件系统格式。一般情况下，用户使用 qemu-img 命令对镜像进行创建、查看、格式转换等操作。

第一，常用镜像格式，主要包括：①raw，一种简单的二进制文件格式，会一次性占用完所分配的硬盘空间；②cloop，压缩的 loop 格式，主要用于可直接引导的 U 盘或者光盘；③cow，一种类似于 raw 的格式，创建时一次性占用完所分配的硬盘空间，但会用一个表来记录哪些扇区被使用，所以可以使用增量镜像，但不支持 Windows 虚拟机；④qcow，一种过渡格式，功能不及 qcow2，读写性能又不及 cow 和 raw 格式，但该格式在 cow 的基础上增加了动态调整文件大小的功能，且支持加密和压缩；⑤qcow2，一种功能较为全面的格式，支持内部快照、加密、压缩等功能，读写性能也比较好。

第二，镜像的创建及查看。主要通过创建 raw 和 qcow2 这两种最常用镜像格式的方法进行查看。

第三，镜像格式转换、压缩和加密。镜像格式转换主要用于在不同虚拟机之间转换镜像，从而实现虚拟机的跨平台迁移；镜像的压缩和加密主要用于虚拟机迁移过程中，防止镜像在网上传输时被窃取。

第四，镜像快照。镜像快照可用于在紧急情况下恢复系统，但会对系统性能产生影响。如果是应用于生产环境的系统，建议根据需要创建一次快照即可。目前，只有使用 qcow2 格式的镜像文件支持快照，其他镜像文件格式暂不支持此功能。

第五，后备镜像差量管理。后备镜像差量，是指多台虚拟机共用同一个后备镜像，进行写入操作时，会把数据写入自己所用的镜像，被写入数据的镜像称为差量镜像。后备镜像可以是 raw 格式或者 qcow2 格式，但是差量镜像只支持 qcow2 格式。后备镜像差量的优点是可以快速生成虚拟机的镜像和节省硬盘空间。

第三节 虚拟专用网技术种类

一、虚拟专用网技术

随着公司规模的扩大，公司不再只有一个办公地点，公司的网络不再只是一个局域网，处于不同地点的分公司的局域网之间需要安全地连接起来，共享公司内部的资源。

将两地局域网安全地连接在一起，一种方法是使用传统的专线技术，专线连接虽然可以确保总公司与各分公司间网络连接的安全性，但部署成本高、变更不灵活。另一种方法是采用虚拟专用网技术（VPN），VPN 技术是一种利用因特网或其他公共互联网络的基础设施创建一条安全的虚拟专用网络通道，将不同地点的局域网安全地连接在一起的技术。虚拟专用网技术（VPN）实施方式图 7-1 所示。

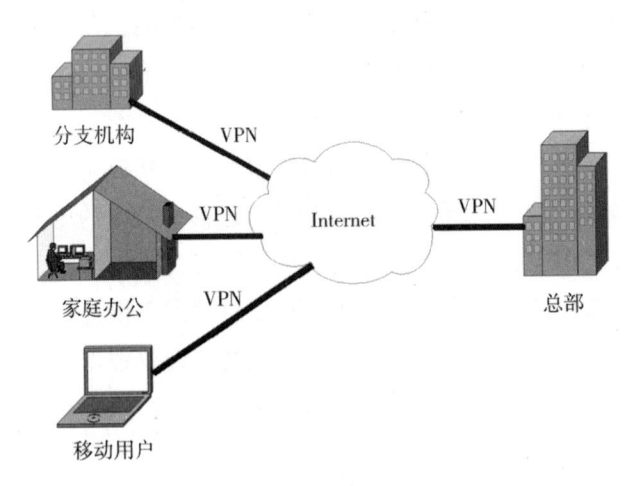

图 7-1 VPN 实施方式示意图

（一）虚拟专用网技术的特点

第一，虚拟专用网络费用低。因为虚拟专用网络是虚拟的，它的传输通道可以是因特网这样的共享资源，而共享的好处就是费用低。

第二，虚拟专用网络安全性高。因为虚拟专用网络除了是虚拟的，还是专用的。利用加密技术和隧道技术，可以在各地的分公司网络节点之间构建出一条安全的专用隧道。专用隧道具有传输数据的源认证、私密性和完整性等安全特性。

第三，虚拟专用网络的灵活性高，只需通过简单的软件配置，就可以方便地增删 VPN 用户，扩充分支接入点。

可见，虚拟专用网络技术是公司建立自己的内联网（Intranet）和外联网（Extranet）的最好选择。应用该技术，可以安全地把总公司和分公司间的网络互连起来；可以让在家办公的员工或出差的员工，安全地连接到公司内部网络中，让他们能安全地访问公司的内网资源；还可以让供货商、销售商按需要连接公司的外联网，安全地扩展公司网络的服务范围。

（二）虚拟专用网络技术应用实现的过程

在数据传输的过程中，采用虚拟专用网络技术的过程和形式具有多样性，出于提高理解效率和效果的考虑，以下重点分析一种典型情况：将分别位于两个不同地区的公司总部和公司分布连接成一个专用网络，就可以通过 VPN 技术的应用和因特网的媒介作用来实现。比如，现在公司分部想要访问以私网 IP 地址的形式公司总部的网络，大致就需要经过以下环节：

首先，发送端的明文流量进入 VPN 设备，根据访问控制列表和安全策略，决定是直接明文转发该流量，加密封装后进入安全隧道转发该流量，还是丢弃该流量。若 VPN 设备的访问控制列表和安全策略决定流量需要加密封装后进入安全隧道，则该 VPN 设备先对包括私网 IP 地址的数据报文进行加密，以确保数据的私密性。

其次，将安全协议头部、加密后的数据报文和预共享密钥一起进行 HASH 运算提取数字指纹，即进行 HMAC 运算，以确保数据的完整性和源认证。

最后，封装上新的公网 IP 地址，转发进入公网。

在公网传输这些处理过的数据，就相当于让这些数据在安全隧道中传输。经过处理的数据，除了公网 IP 地址是明文的，其他部分都被加密封装保护起来了。数据到达隧道的另一端，即到达公司总部后，VPN 设备首先会对数据包进行装配、还原，然后再对其进行认证、解密，从而获取并查看到其私网目的 IP 地址，最后根据这个目 IP 地址转发到公司总部的目的地。

二、IPSec 虚拟专用网技术

（一）IPSec 虚拟专用网技术

IPSec（IP）是 IPv6 的一个重要组成部分，IPSec 虽是 IPv6 的一个部分，但它同时也能被 IPv4 使用。通过 IPSec，可以选择所需的安全协议、算法、定义密钥的生成与交换方法，在通信节点间提供安全的 IP 传输通道。

IPSec 使用两种安全协议提供服务：一种是验证头（AH）；另一种是封装安全载荷（ESP）。AH 它只提供源认证和完整性校验，不提供加密保护。ESP 协议除了可以提供源认证和完整性校验，还能提供加密服务。

传输模式和隧道模式是 AH 和 ESP 共同拥有的两种工作模式，详情参照下图 7-2。其中，在传输模式（英文全称 Transport Mode）下，无论是源 IP 地址、目的 IP 地址，还是 IP 包头域都处于不加密的状态中，从源到目的端的数据通信通常需要借助原来的 IP 地址来实现。当攻击者截获数据后，尽管无法破解处理过的数据，更无法获取数据内容，但却可以使通信双方的地址信息一目了然。通常来讲，保护端到端的通信经常会采用传输模式，比如局域网内网络管理员以通道加密的方式来远程网管设备。

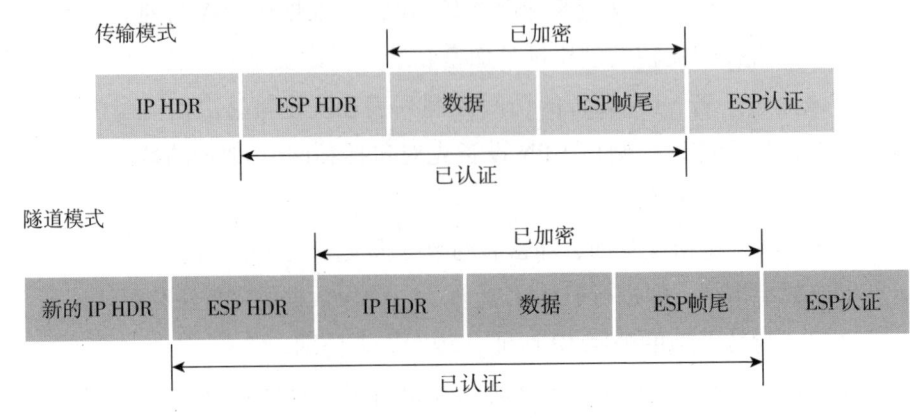

图 7-2 在传输模式和隧道模式下应用 ESP 和 AH

隧道模式的英文全称是 Tunnel Mode。在隧道模式下，用户的整个 IP 数据包被加密后封装在一个新的 IP 数据包中，新的源和目的 IP 地址是隧道两端的两个安全网关的 IP 地址，原来的 IP 地址被加密封装起来了。攻击者截获数据后，不但无法破解数据，而且无法了解通信双方的地址信息。隧道模式适用于站点到站点间的隧道建立，保护站点间的通信数据，如跨越公网的总公司和分公司之间，以及出差员工通过公网访问公司内网、在家办公的员工通过公网访问公司内网、移动用户通过公网访问公司内网等场景。

（二）IPSec 虚拟专用网的原理

IPSec VPN 的传输分为两个阶段，即协商阶段和数据传输阶段。

第一阶段，可以启用因特网密钥交换（IKE）。IKE 是一种通用的交换协议，可为 IPSec 提供自动协商交换密钥的服务。IKE 采用了密钥交换框架体系（ISAKMP），若无特殊说明，IKE 与 ISAKMP 这两个词可互相通用。

通信双方在第一阶段和第二阶段都需要一个安全联盟（SA），SA 包括协议、算法、密钥等内容，SA 是单向的。IPSecSA 由三个参数标识其唯一性。标识 IPSecSA 唯一性的三个参数分别是：目的 IP 地址、安全协议（ESP 或 AH）和一个被称为 SPI 的 32 位值。SPI 值可以被手工指定，也可以配置为第一阶段自动生成。

通常情况下，感兴趣流指的是在 IPSec 保护状态下的通信双方的相关数据，ACL 是对其进行定义的主要方式，具体来讲，感兴趣流只有为 ACL 所允许，才能为 IPSec 所保护。而对感兴趣流加以保护的具体方法，定义过程通常需要借助第二阶段的 IPSec 转换集来实现，而较为常用的 IPSec 转换集主要包括通信双方所采用的验证算法（sha512、sha、md5、sha384、sha256）、用于感兴趣流保护的加密算法（seal、3des、des、gem、aes、gmac、）、IPSec 的工作模式、用于感兴趣流保护的安全协议（AH、ESP）等。

如何定义多个 IPSec 转换集，具体采用哪个 IPSec 转换集，由第二阶段定义的安全策略来指定。安全策略用来指定对哪个感兴趣流进行保护：保护这个感兴趣流时采用哪个 IPSec 转换集；指定密钥和 SPI 等参数的产生方法是手工配置，还是通过调用第一阶段的 IKE 自动协商生成；对于隧道模式，还要指定隧道对端的 IP 地址。若安全策略指定了密钥和 SPI 等参数通过 IKE

自动协商产生，而不是手工配置，则需要启用第一阶段的 IKE。IKE 默认已经启用，若已经手工关闭，则需通过命令再次启用。

策略名相同而序号不同的安全策略构成一个安全策略组，一个安全策略组可以应用到一个接口上。将安全策略组应用到 IPSec 设备（如路由器、防火墙）的接口上后，一旦有流量经过这个接口，就会触发这个安全策略组，若该流量匹配这个安全策略组定义的感兴趣流，IPSec 设备就对这些流量进行加密封装，然后加上新的源 IP 地址和目的 IP 地址，再根据新的目的 IP 地址，重新查路由表，根据路由表找到出接口，送出受保护的流量。

（三）IKE 阶段的原理与配置

第一，启用 IKE。若第二阶段的安全策略指定密钥和 SPI 等参数的产生方式是调用第一阶段的 IKE，自动协商产生而不是手工生成，则需要启用 IKE，IKE 默认已经启用，若已经手工关闭，则需用命令再次启用。

第二，配置 IPSec VPN 的第一阶段。在 IPSec VPN 的第一阶段，除了要解决通信双方的身份验证问题，还要进行密钥的生成与交换。

SHA 和 RSA 签名是通信双方分别默认采用的验证算法和验证方法，需要将默认 RSA 签名状态下的验证方法改为预共享密钥，而后再结合预共享密钥和验证采用的 SHA 哈希算法，以 HMAC 方法来验证双方身份。通信双方验证对方身份真实性，主要是通过计算和比较捆绑有预共享密钥的哈希值的一致情况来实现。

为安全地传送哈希值及数据，双方需要使用一致的加密算法及一致的对称密钥。默认的加密算法是 DES 算法。加密算法所使用的对称密钥，是通过 Diffie-Hellman 算法产生的。采用 Diffie-Hellman 算法，通信双方可计算出一致的、用于生成各阶段对称密钥的种子。应用这个对称密钥的种子，可进一步生成第一阶段和第二阶段的各对称密钥。

（四）IPSec 的感兴趣流和转换集

第一，IPSec 的感兴趣流。IPSec 的感兴趣流，是 IPSec 要保护的流量，可通过 ACL 来配置，ACL 允许的流量，将被 IPSec 保护起来。

第二，IPSec 转换。IPSec 转换集用来定义保护感兴趣流所用的安全协议（AH、ESP）、工作模式、加密算法（des、3des、aes、gem、gmac、seal）、验证算法（md5、sha、sha256、sha384、sha512）等。

三、GRE VPN

通用路由封装（GRE），IETF 在 RFC-1701 中将 GRE 定义为在任意一种网络协议上，传送任意一种其他网络协议的封装方法。在 RFC-1702 中，定义了如何通过 GRE 在 IPv4 网络上传送其他网络协议的封装方法。在 RFC-2784 中，GRE 得到了进一步的规范。

GRE 本身并没有规范如何建立隧道、保护隧道、拆除隧道，也没有规范如何保证数据安全，它只是一种封装方法。GRE VPN，指的是使用 GRE 封装构建 Tunnel 隧道，在一种网络协议上传送其他协议分组的 VPN 技术。隧道中的数据包使用 GRE 封装，封装的格式如下：

链路层头 + 承载协议头 +GRE 头 + 载荷协议头 + 载荷数据

目标设备接收到 GRE 封装的数据包后，通过解封装，读取 GRE 头，从而得知上层不是简单地承载协议标准包，而是载荷分组，并能获知上层的协议类型，将载荷分组递交给正确的协议栈进行处理。

（一）IP over IP 的 GRE 封装

IP over IP 的 GRE 封装，指的是 IP 协议作为载荷协议的同时，也作为承载协议的封装。以企业总公司与分公司之间建立 IP over IP 的 GRE 封装为例，企业内部的 IP 网络协议作为载荷协议，公网的 IP 网络协议作为承载协议。

（二）GRE 的隧道接口

隧道接口即 Tunnel 接口，是一个逻辑接口，Tunnel 接口使用公司内部的私网地址，Tunnel 接口是建立在物理接口之上的，它的一端使用公司总部的公网接口，另一端使用公司分部的公网接口。Tunnel 隧道就相当于在公司总部和公司分部的这两个接口之间拉了一根网线，并用公司内网的地址来分别标识这两个接口。有数据流经这两个接口时，则转由公网接口转发出去。

（三）GRE 隧道的工作流程

1. 隧道起点的私网 IP 路由查找

公司总部的私网数据包到达总部的 VPN 设备，用 VPN 设备查看路由表。

（1）若找不到匹配项，则丢弃。

（2）若匹配的出接口是普通的物理接口，则正常转发。

（3）若匹配的出接口是 Tunnel 接口，则进行 GRE 封装后转发。

2. 在隧道起点进行 GRE 封装

若数据包匹配的出接口是 Tunnel 接口，由于 Tunnel 接口是虚拟的，所以要转由物理接口发出，转发之前，需要经过 GRE 封装。

（1）添加 GRE 头。

（2）将 GRE 隧道一端的公网地址作为源 IP 地址，将 GRE 隧道另一端的公网地址作为目的 IP 地址，进行封装。

3. 隧道起点的公网 IP 路由查找

刚封装的源、目的公网 IP 是源 VPN 设备再次查找路由所采用的主要方法。

（1）倘若无法发现匹配项，就可以丢弃；

（2）倘若发现匹配项，就可以遵循正常流程来完成转发任务。

4. 在隧道终点进行 GRE 解封装

（1）公司分部的 VPN 设备，即对端的 VPN 设备检查目的 IP 地址，与本地接口地址匹配。

（2）检查公网 IP 头部中的上层协议号，是 47，则表示载荷是 GRE 封装。

（3）去掉公网 IP 头部，检查 GRE 头部，GRE 头部的 Protocol 字段的值是 0×0800，标识着其后跟着的是 IP 头部。

（4）去掉 GRE 头部，将私网 IP 包交给 Tunnel 接口。

5. 隧道终点的私网 IP 路由查找

（1）若私网目的 IP 地址是自己的，则交给上层继续处理。

（2）若私网目的 IP 地址不是自己的，则查找路由表，无匹配项则丢弃，有匹配项就转发。

第八章　计算机虚拟化技术设计与应用

第一节　计算机虚拟化技术对资源的控制

虚拟化如同一个沙箱，可以虚拟出一个或多个逻辑环境，比如将一台计算机虚拟出多个操作系统，把虚拟出的每个操作系统理解为一个逻辑环境，可以对逻辑环境进行备份，当逻辑操作系统出现病毒感染导致文件损坏，可以删除原来的整个逻辑系统，复制一个逻辑系统文件即可直接使用，既节约时间又节省人力。

一台服务器，CPU资源和存储资源（RAM存储/磁盘存储）占用不可能一直百分之百，虚拟化可以虚拟出不同的操作系统，比如LINUX系统和Windows Server系统可以同时在一台服务器上运行，LINUX高效的运行nginx用于网站服务 Windows Server运行ERP或SAP等资源进行管理系统。当Nginx出现故障只需在LINUX系统下进行排查，不会影响到Windows Server系统及系统下服务端的正常工作。虚拟化可以让整台服务器全负荷工作，不浪费资源，方便人们集中进行管理。

虚拟化在网络QOS（服务质量）方面、数据安全保障方面、扩展及灵活性方面都有很强的优势。例如在QOS（服务质量）方面，网络的错峰数据访问不会造成数据的过多浪费和数据阻塞，在数据安全保障方面，虚拟化可以做到一对一或一对多的专线模式，数据不会被监听、偷窥而泄露。

虚拟化可以让人们轻松办公，甚至出门不用带计算机，在一台设备上虚拟出不同的逻辑系统，移动设备通过远程方式接入到各自的逻辑系统，实现云访问、云远程办公。

推动虚拟化的公司有Citrix、VMware、微软、Intel等，相信以后还会有更多优秀的公司推出更多的虚拟化产品。虚拟化产品随着时间的推移，自身功能逐渐完善，操作界面友好，部署快速，已经从当初的专业人员发展到现在的普通用户即可轻松搭建并运用。

实现虚拟化很简单，以 VMware 来说，VMware 旗下有款 ESXI，ESXI 的部署只需以下三步：

第一，选择运行 ESXI 的硬件设备。支持虚拟化的 CPU；确认存储空间。

第二，部署并配置 ESXI。配置网卡信息，配置安全信息。

第三，通过 SSH 等方式部署并管理虚拟机。终端接入管理。

虚拟环境的易备份对于高效挽救系统起到关键作用，同时，虚拟化对于资源的分配在成本控制方面达到了期望的预算，整个工程完美实施并解决。

第二节　计算机虚拟仿真实验平台的设计与实现

随着社会经济的发展进步，社会发展各领域对计算机信息的收集、整理速度提出了更高的要求。在这样的背景下出现了虚拟化技术。虚拟化技术通过技术手段建立了现实世界和物理世界之间的关联，充分满足了人们对各类信息的要求。

计算机虚拟仿真实验平台是基于 Web 技术、虚拟现实技术构建的开放化、网络化虚拟实验教学系统。在这个虚拟现实系统的作用下能够对高校实验室进行数字化、虚拟化操作处理。在新课改对高校实验教学的重视下，各高校加强了对虚拟实验平台的开发研究力度，推出了针对各个研究领域的计算机虚拟仿真实验平台。计算机虚拟仿真实验平台能够让学生在虚拟化的环境下对各个实验教学场景进行模拟，从而加强了学生对实验教学的了解，提高了学生实验教学的学习效果。

一、计算机虚拟仿真实验平台的设计目标与特点

（一）设计目标

第一，模拟真实实验环境。计算机虚拟仿真实验平台的构建，不仅能够为学生的实验操作提供完善设备、设施的支持，而且还能够给学生的实验学习带来身临其境的感受，激发学生的学习兴趣。

第二，加强对实验全过程的记录。通过计算机虚拟仿真实验平台的构

建，能够让学生进一步了解自己的实验操作步骤和遇到的问题，从而提升实验操作的准确性。

第三，满足教师自主设计实验的需求。通过计算机虚拟仿真实验平台的构建，能够更好地满足教师授课需求。

(二) 设计特点

第一，资源开放性。计算机虚拟仿真实验平台的构建，实现了跨网访问操作将学校教学实验室延伸到整个网络大环境中，在不受时间、空间的限制下开展开放实验教学，通过资源信息的共享提高学生学习成效。

第二，操作简单。计算机虚拟仿真实验平台的构建能够为学生的实验操作提供有益指导，有效解决学生实验操作难点问题。

二、计算机虚拟仿真实验平台的系统架构

计算机虚拟仿真实验平台系统架构遵循虚实结合、开放共享的原则，在整合软硬件资源的基础上，开展多课程、全方位、开放共享的虚拟仿真实验教学。

第一，实验室综合管理平台。实验室综合管理平台上聚集了实验开展所需要的各项资料、设备、设施等，同时在计算机操作系统的应用下，还能够为整个实验操作进行全面的记录、分析和管理。

第二，云虚拟实验平台。云虚拟实验平台是在云计算基础上发展起来的操作平台，在应用的过程中承载多个虚拟机器内部软件，能够实现对虚拟实验教学资源的共享应用，并能够根据实验要求打造灵活的实验教学环境。

第三，虚拟拓扑连接器。虚拟拓扑连接器是一个虚拟组网平台，承载整个网络的虚拟场景，设计工作内部软件，能够实现对虚拟实验教学资源的共享应用，并能够根据实验操作要求选择和它相适应的虚拟性零件，在多种虚拟零件的作用下能够构建复杂的虚拟网络拓扑结构。

第四，机架控制管理服务。机架控制管理服务主要是一种物理映射平台，在这个物理平台上能够对各个网络设备、网络设施进行统一化管理。在物理映射内部拥有远程控制操作平台。在虚拟化网络拓扑的作用下，能够改善原有网络设备和物理组网的操作局限。

三、计算机虚拟仿真实验平台的功能模块

第一，计算机虚拟仿真实验资源管理子系统。计算机虚拟仿真实验资源管理子系统主要是对虚拟仿真实验中所需要应用的资源、设备进行统一管理，具体包括习题库管理模块和教学资源管理模块。其中习题库管理模块要拥有一定数量的实验练习题，从而为学生的实验学习提供更多知识、理论支持。教学资源管理模块包含音频、视频、文档资源。

第二，计算机虚拟仿真实验库管理子系统。包括计算机虚拟仿真实验管理模块和计算机虚拟仿真实验布置模块。计算机虚拟仿真实验管理模块是计算机虚拟仿真实验系统管理的关键，能够为教师教育教学提供重要支持。在计算机虚拟仿真实验管理模块中，教师能够根据学生的实际学习情况和教学要求对实验内容、实验要求进行修改，从而更好地提高实验教学成效。计算机虚拟仿真实验布置模块是教师根据教学目标和教学要求有选择地开展实验安排。

第三，计算机虚拟仿真实验过程管理子系统。包括计算机虚拟仿真实验过程管理和计算机虚拟仿真实验学生考勤模块。计算机虚拟仿真实验过程管理为学生的实验操作提供了环境平台支持。同时还为学生的实验操作提供在线文档辅助支持，从而更好地辅助学生完成实验。计算机虚拟仿真实验学生考勤模块主要是辅助教师及时查看学生在实验操作中的表现。

第四，计算机虚拟仿真实验报告评价子系统。计算机虚拟仿真实验报告评价子系统具有智能批阅功能模块和手工批阅模块，能够根据实验要求自主判断学生实验准备是否齐全，从而实现对实验准备工作的批阅。

第五，计算机虚拟仿真实验师生互动子系统。计算机虚拟仿真实验师生互动子系统主要应用答疑模块来解决学生实验操作中遇到的各种问题，为学生提供在线解答。

第三节 计算机虚拟化技术的应用分析

"随着信息化时代的飞速发展，虚拟化技术越来越完善，其被广泛应用

到社会生活的各个领域，极大影响了人们的生活方式，同时也为企业等不同机构提供了便利"。[①] 为更好地适应现代社会、科学技术的发展，组建了网络系统。在组建网络系统的过程中，各网络供应商、企业品牌、网络系统配置架构在协调运作上存在较多问题，如设备功能消耗大、成本增加、可靠性不强、服务器运行效率低等。在计算机虚拟化运行中利用虚拟技术，以此提高服务器的运行效率和质量，有效利用各种网络资源和数据，为企业提供高科技服务。

一、网络安全监控中的应用

在计算机虚拟技术下，虚拟化环境被人们广泛认可，且在虚拟技术进一步应用中，网络数据信息量急速增加，数据库等级提升。然而，在网络系统功能扩大、便捷性提高的环境下，网络数据信息中的各种不安全因素越来越多。传统的网络安全监控技术水平不高、创新性不足、自适应能力不强，无法识别各种不安全因素，导致网络安全监控技术无法有效发挥监控作用。在虚拟化技术支持下，通过强大的数据信息分析、处理、识别、预判功能，可以有效处理、屏蔽各种不安全因素，有效解决传统技术的不足。

在虚拟化环境下，网络安全监控技术得到了更新升级，可以自适应各种环境、用户，大大增强了应对网络不安全因素的攻击能力、防御能力，如防火墙、入侵检测技术，应用效果显著。在虚拟化技术下，进行网络安全监控技术设计和应用时，需要遵循安全、科学、时效的原则，重点解决虚拟管理器系统漏洞问题，提高虚拟管理器的抗外界因素攻击能力。当前，网络安全监控技术应用设计可以从外部和内部两个方面进行，内部主要对内核模块的运行异常行为进行分析，对异常环境进行自动过滤。例如，虚拟管理器可以在加载内核信息时，通过虚拟机自动识别、过滤、拦截异常信息，以此确保网络系统运行安全。外部需要科学合理操作虚拟管理器，以此提高不安全因素的检测效率，一般需要人工控制、操作。

---

① 薛强. 计算机虚拟化技术的分析及应用 [J]. 数码设计（下），2020，9（8）：1.

二、计算机操作系统中的应用

目前，我国大多数高校一般使用不同的软件来开发操作系统，导致服务器需求增加，而且不同服务器设备服务功能和性质的不同，导致计算机操作系统运行效率降低以及应用难度增加。在此情况下，高校大多会使用双机设备来启动程序运行服务，并在第三方运营企业对接，但该方法并不能提高运行效率，导致资源浪费，尤其是电力资源。

随着计算机虚拟技术的出现，原始计算机操作系统更新升级，业务流程和运行结果的结合，促使计算机操作系统具备业务处理时效性，优化了各设备的服务功能。通过启动虚拟服务器，可以对计算机操作系统中的运行数据进行自动记录、保护、存储，有效避免了因人为操作失误导致计算机数据丢失问题的出现，大大提高了计算机操作系统的可靠性和保护性。

三、虚拟机监控器中的应用

虚拟机监控器可以对计算机硬件访问功能进行优化，确保用户操作系统可以和计算机操作系统独立软件连接，在同一个计算机中可以共享软件，虚拟计算机监控器计算、运行程序与计算机进程管理、线程管理方式一致。目前，计算机操作系统工作方式主要有状态操作系统和用户操作系统两种，当出现一个指令时，操作系统在运行前会自动检查该指令，对于计算机软件层也可以通过虚拟机监控器进行优化和控制。

一般情况下，在不同的网络环境下用户端操作系统位置和级别会自动发生变化，通过虚拟机监控器对客户操作系统访问计算机资源动态进行追踪，有效阻止用户端操作系统出现相互替代现象。

四、虚拟专用技术中的应用

在虚拟计算机技术拓展下，虚拟计算机专用技术出现，可以在公共网络系统内重新开通一个专项数据通道，旨在实现网络信息和资源的共享、共建、共存。例如利用虚拟化软件可以在同一个计算机中启动多个操作系统，这些系统之间可以随机切换，运行和维护费用低，可以应用在企业、医院、高校、各部门、各单位、各科室，只需要将数据流量通过虚拟广播方式即可以共享、控制，不需要改变网络工作站，有效推动了各项管理工作的创新发展；计算机虚拟专用拨号技术，该技术可以将不同地区的服务器和中心数据库进行连接，控制活动进行。

五、舞台炫美效果中的应用

近年来，计算机虚拟技术被运用到各种舞台节目中，通过虚拟化环境的呈现，创造酷美的舞台效果。例如，近年来的春节联合晚会舞台科技元素十足，通过运用虚拟技术，立体、多维地塑造舞台效果，给观众带来了沉浸式的视觉体验。在原画的基础上呈现3D影像，表现虚拟的舞台效果，将静态转化为了动态，画面的饱满度、逼真度大大提升。虚拟现实技术已经成为许多舞台节目的常用技术。

参考文献

[1] 曾少宁，汪华斌，袁秀莲，等.应用虚拟化技术的计算机虚拟实验平台[J].科技通报，2013，29（2）：203-205.

[2] 陈炳丰，谢光强，朱鉴.基于 Fusion Compute 的虚拟化技术在计算机实验室中的应用[J].实验技术与管理，2022，39（4）：224-227.

[3] 陈龙，肖敏，罗文俊.云计算数据安全[M].北京：科学出版社，2016.

[4] 陈明奇.网络空间安全迫在眉睫的危机[J].信息网络安全，2005（11）：36-38.

[5] 陈小芳.网络空间培育时代新人的困境及路径研究[J].南方论刊，2022（8）：106.

[6] 程风刚.基于云计算的数据安全风险及防范策略[J].图书馆学研究，2014（2）：15-17+36.

[7] 邓桦，宋甫元，付玲，等.云计算环境下数据安全与隐私保护研究综述[J].湖南大学学报(自然科学版)，2022，49（4）：1-10.

[8] 邓磊，孙培洋.基于深度学习的网络舆情监测系统研究[J].电子科技：1.

[9] 董惠雯，张戈，项绪鹏.人工智能概述[J].科技风，2016（5）：34.

[10] 方滨兴.建设网络应急体系保障网络空间安全[J].通信学报，2002，23（5）：4-8.

[11] 方滨兴.人工智能安全[M].北京：电子工业出版社，2020.

[12] 冯志伟.神经网络、深度学习与自然语言处理[J].上海师范大学学报(哲学社会科学版)，2021，50（2）：110.

[13] 龚强.地理空间信息网格安全问题研究[J].自然灾害学报，2008，17（5）：127-131.

[14] 苟建国，吕高锋，孙志刚，等.网络功能虚拟化技术综述[J].计算机工程与科学，2019，41（2）：260-267.

[15] 顾健.基于云计算的数据安全风险和防范措施分析[J].网络安全技术与应用，2021（1）：80-82.

[16] 关静.浅析无线局域网安全风险及防护策略[J].网络安全技术与应用，2021（4）：139-140.

[17] 韩芳，袁宇宾．计算机桌面虚拟化技术在教学及管理中的实现路径研究 [J]．重庆理工大学学报（自然科学版），2014（7）：105-109．

[18] 黄勤龙，杨义先．云计算数据安全 [M]．北京：北京邮电大学出版社，2018．

[19] 黄晴．局域网环境下计算机网络安全防护研究 [J]．信息与电脑（理论版），2021，33（24）：207-209．

[20] 惠丽峰．计算机网络安全与防护 [J]．煤矿机械，2004（11）：62-63．

[21] 姜思佳，叶卫华．计算机网络安全分层评价防护体系研究 [J]．长江信息通信，2021，34（7）：137-139．

[22] 姜伟，马静岩，石丹．服务器虚拟化在高校计算机实验室的应用研究 [J]．实验技术与管理，2012，29（1）：114-115，130．

[23] 孔微巍，谭婷婷．人工智能对我国就业的影响及对策研究 [J]．理论探讨，2022（3）：179-184．

[24] 雷敏．网络空间安全导论 [M]．北京：北京邮电大学出版社，2018．

[25] 李宏儒．虚拟化技术在计算机实验教学中的应用 [J]．实验技术与管理，2010，27（5）：90-92．

[26] 李晓栋．人工智能时代计算机网络信息安全与防护研究 [J]．南方农机，2019，50（16）：186．

[27] 李选超．基于计算机信息系统的保密技术及安全管理研究 [J]．电子元器件与信息技术，2021，5（12）：237-238．

[28] 李勇．移动互联网时代的网络安全：趋势与对策 [J]．网络安全技术与应用，2021（4）：72-73．

[29] 刘秀彬，王庆福．计算机网络安全分层评价防护体系研究 [J]．电脑知识与技术，2018，14（19）：26-27+29．

[30] 刘艳．计算机网络信息安全及其防火墙技术应用 [J]．互联网周刊，2021（19）：43-45．

[31] 刘永华，张秀洁，孙艳娟．计算机网络信息安全 [M]．北京：清华大学出版社，2019．

[32] 刘智磊，刘猛，赵煜．局域网的组建与安全防护研究 [J]．网络安全技术与应用，2022（5）：10-12．

[33] 栾桂芬．计算机网络安全中的防火墙技术应用 [J]．网络安全技术与应用，2021（9）：12-14．

[34] 牛霞红. 基于防火墙的网络安全防护技术 [J]. 集成电路应用, 2020, 37（3）: 38-39.

[35] 彭麒. 内网局域网安全防护策略探讨 [J]. 网络安全技术与应用, 2019（10）: 8-10.

[36] 钱磊, 李宏亮, 谢向辉, 等. 虚拟化技术在高性能计算机系统中的应用研究 [J]. 计算机工程与科学, 2009, 31（S1）: 307-311.

[37] 秦培龙. 浅谈移动互联网时代的网络安全 [J]. 信息技术与信息化, 2017（12）: 115+118.

[38] 秦萍萍. 虚拟化技术在装车自控系统中的应用 [J]. 化工自动化及仪表, 2021, 48（4）: 387-390.

[39] 秦燊. 基于虚拟化的计算机网络安全技术 [M]. 延吉: 延边大学出版社, 2019.

[40] 青岛英谷教育科技股份有限公司. 云计算与虚拟化技术 [M]. 西安: 西安电子科技大学出版社, 2018.

[41] 申培培, 陈明. 防火墙在企业网络安全防护的应用 [J]. 电脑知识与技术, 2021, 17（3）: 80-81.

[42] 申志伟, 沈雪, 张辉, 时文丰. 全生命周期下的云计算数据安全研究综述 [J]. 信息通信技术, 2019, 13（2）: 63-69.

[43] 王进文, 张晓丽, 李琦, 等. 网络功能虚拟化技术研究进展 [J]. 计算机学报, 2019, 42（2）: 415-436.

[44] 王战红. 计算机网络安全中数据加密技术的应用对策 [J]. 现代电子技术, 2017, 40（11）: 88-90+94.

[45] 王政辉. 计算机网络空间安全态势感知技术发展探索——评《网络空间安全防御与态势感知》[J]. 中国安全科学学报, 2021, 31（10）: 4.

[46] 魏曦. 计算机网络安全分层评价体系的构建研究 [J]. 科学技术创新, 2019（36）: 85-86.

[47] 吴克河, 邬林. 基于虚拟化技术的企业数据中心研究 [J]. 宁夏大学学报（自然科学版）, 2020, 41（4）: 384-387, 392.

[48] 吴礼发, 洪征. 计算机网络安全原理 [M]. 北京: 电子工业出版社, 2020.

[49] 肖莉莉. 计算机虚拟化技术的分析与应用 [J]. 信息与电脑, 2022, 34（8）: 192-194.

[50] 谢晶仁. 网络空间治理能力提升的路径研究 [J]. 湖南省社会主义学院学报,

2022，23（2）：71-74.

[51] 徐敏宁，罗鹏. 人工智能嵌入基层治理的风险生成及规避[J]. 行政管理改革，2022，7（7）：93-100.

[52] 薛强. 计算机虚拟化技术的分析及应用[J]. 数码设计（下），2020，9（8）：1-2.

[53] 闫怀志，胡昌振，谭惠民. 网络安全主动防护体系研究及应用[J]. 计算机工程与应用，2002，38（12）：26-28.

[54] 杨伟. 计算机密码学的发展状况[J]. 科技信息，2011（5）：502+509.

[55] 杨文. 计算机网络数据安全管理中的加密技术及防护研究——评《计算机网络安全（第3版）》[J]. 现代雷达，2021，43（11）：5.

[56] 叶进，冯露荨，何华光，等. 基于虚拟化技术的软件定义网络实验教学方案[J]. 实验室研究与探索，2017，36（3）：79-82.

[57] 喻国明. 移动互联网时代的网络安全：趋势与对策[J]. 新闻与写作，2015（4）：43-47.

[58] 张胜昌，张艳，赵良昆. 局域网环境下计算机网络安全防护技术应用分析[J]. 现代工业经济和信息化，2022，12（1）：125-127.

[59] 张思源. 网络创新实验中的虚拟化技术研究[J]. 湘潭大学自然科学学报，2013，35（4）：110-113.

[60] 张毅，许斌，周佩. 移动互联网时代的网络安全：趋势与对策[J]. 数字技术与应用，2017（9）：196-197.

[61] 张应辉，李晖，朱辉. 空间数据系统的一种安全解决方案[J]. 载人航天，2012，18（2）：75-80.

[62] 赵威. 计算机网络的安全防护与发展[J]. 煤炭技术，2011，30（10）：100-102.

[63] 郑传德. 下一代防火墙在网络安全防护中的应用[J]. 网络安全技术与应用，2021（6）：12-13.

[64] 周庭梁，黄涛，杨文臣，等. 基于计算机虚拟化列车控制系统敏捷测试方法[J]. 同济大学学报（自然科学版），2015，43（3）：416-422.

[65] 朱闻亚. 数据加密技术在计算机网络安全中的应用价值研究[J]. 制造业自动化，2012，34（6）：35-36.

[66] 朱蕙. 计算机网络安全分层评价防护体系的构建与应用研究[J]. 大众标准化，2020（24）：50-51.